Aline Gomes de Souza
Karina Marangoni
Vivian Alonso Goulart

3D Cell-SELEX: seleção in vitro de aptâmeros de ARN para o cancro da próstata

Aline Gomes de Souza
Karina Marangoni
Vivian Alonso Goulart

3D Cell-SELEX: seleção in vitro de aptâmeros de ARN para o cancro da próstata

Nova abordagem para a seleção de aptâmeros contra células tumorais

ScienciaScripts

Imprint

Cover image: www.ingimage.com

This book is a translation from the original published under ISBN 978-3-659-85830-7.

Publisher:
Sciencia Scripts
is a trademark of
Dodo Books Indian Ocean Ltd. and OmniScriptum S.R.L publishing group

120 High Road, East Finchley, London, N2 9ED, United Kingdom
Str. Armeneasca 28/1, office 1, Chisinau MD-2012, Republic of Moldova, Europe
Printed at: see last page
ISBN: 978-620-8-31488-0

"Por vezes sentimos que o que fazemos é apenas uma gota no oceano, mas o oceano seria menor se não tivesse essa gota"

(Madre Teresa de Calcutá)

AGRADECIMENTOS

Hoje é impossível pronunciar o meu nome sem identificar muitos outros nomes. "

A Deus, que está sempre comigo, conhecendo os meus medos, fortalecendo os meus sonhos, vigiando os meus passos. Em especial aos meus pais, José e Rita, por me incentivarem a ir mais longe, pela vida que me deram, e por me ensinarem a viver com dignidade. Aos meus irmãos e irmãs pela paciência, carinho e incentivo. Ao doutorado. Vivian Alonso Goulart e à PhD. Karina Marangoni, expresso profunda gratidão pela valiosa oportunidade, compreensão, apoio, carinho e atenção em todas as etapas deste trabalho. A todos os colegas e amigos do laboratório de Nanobiotecnologia da UFU o meu mais profundo e sincero agradecimento.

RESUMO

CAPÍTULO 1

FUNDAMENTOS TEÓRICOS

APRESENTAÇÃO

O Instituto Nacional de Câncer aponta a ocorrência de aproximadamente 576 mil novos casos de câncer em 2015, sendo 69 mil de câncer de próstata (CaP). Na última estimativa mundial, em 2012, o CaP foi registrado como o segundo tipo de câncer mais frequente entre a população masculina, com 1,1 milhão de casos novos. É considerado o sexto tipo de cancro mais comum, representando cerca de 10% do total de cancros em todo o mundo. O CaP está fortemente relacionado com a idade, uma vez que 75% dos casos são detectados em indivíduos com mais de 65 anos. Outros factores como a herança, a dieta ou a obesidade podem estar envolvidos no desenvolvimento da doença. No entanto, a sua origem e progressão são pouco conhecidas. Mesmo com avanços significativos, como a descoberta e implementação dos níveis séricos de PSA, contribuíram para a deteção e tratamento do CaP. A sua utilidade apresenta algumas limitações, uma vez que pacientes saudáveis podem apresentar níveis alterados de PSA. Neste contexto, existe uma necessidade crescente de novas técnicas para melhorar o diagnóstico e a terapêutica dos doentes com CaP. Neste sentido, associámos duas metodologias promissoras, com o objetivo de desenvolver ligandos específicos para células tumorais prostáticas: cultura celular 3D e Cell-SELEX. A primeira, abrange aspectos importantes relacionados com a mimetização do microambiente *in vivo*, permitindo a reprodução *in vitro* do microambiente tumoral e das interações célula-célula. Tem sido utilizada com sucesso em muitos estudos, simulando factores fisiológicos como a penetração, a ligação e a bioatividade de fármacos contra o cancro. Estes últimos, estão a ser amplamente aplicados em estudos envolvendo vários tipos de neoplasia. A sua aplicação requer a construção de uma biblioteca de oligonucleótidos, onde as moléculas serão posteriormente selecionadas contra vários alvos. Essas moléculas, os aptâmeros, são sequências curtas de oligonucleotídeos que apresentam alta afinidade e especificidade com seus alvos. A combinação destas duas metodologias, denominada 3D-Cell-SELEX, permite a seleção de aptâmeros de RNA ligantes específicos para a linhagem de células tumorais, PC-3. A cultura celular 3D permite mimetizar o microambiente das células tumorais com maior fiabilidade, permitindo a seleção de ligandos altamente específicos. Para promover uma seleção mais estratégica e específica de ligandos, propomos a metodologia 3D Cell-SELEX, na qual a interação entre as proteínas de superfície celular e a biblioteca de aptâmeros é facilitada. O arranjo celular 3D representa melhor o microambiente tumoral, favorecendo a aplicação *in vivo* dos aptâmeros selecionados pelo 3D Cell-SELEX. Desta forma, selecionamos oito aptâmeros de RNA, capazes de se ligar especificamente à célula tumoral prostática, PC-3. Essas sequências apresentaram de 20 a 50 nucleotídeos com baixa energia livre, tornando-as mais estáveis. Assim, quando validados, esses aptâmeros poderão ser utilizados em futuros ensaios com o objetivo de auxiliar no prognóstico, diagnóstico e terapia do CaP.

Esta dissertação está dividida em dois capítulos: O Capítulo I apresenta uma breve revisão sobre o tema abordado. O Capítulo II mostra a metodologia 3D Cell SELEX para a seleção de aptâmeros que se ligam à linha celular tumoral PC-3.

1. ASPECTOS BIOLÓGICOS DA GLÂNDULA PROSTÁTICA

A glândula prostática faz parte do sistema reprodutor masculino, está localizada abaixo da bexiga (Figura 1), atuando na secreção e armazenamento de vários componentes líquidos do fluido seminal, importantes para a sobrevivência e viabilidade dos espermatozoides (PRAJAPATI et al., 2013).

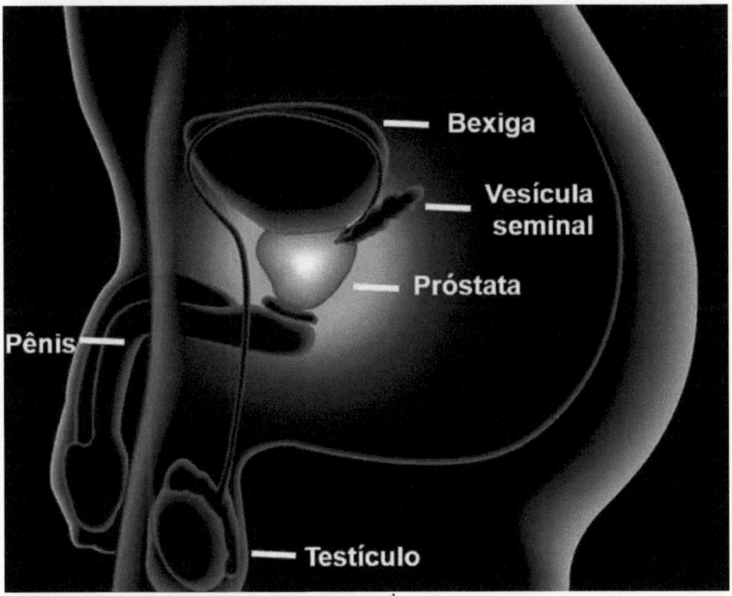

Figura 1: Localização da glândula prostática[1]

[1] http://www.adolfolutz.com.br/blog/218-cancer-de-prostata

Ao contrário da maioria das glândulas acessórias do sistema reprodutor masculino, que têm uma origem embrionária mesodérmica a partir dos ductos de Wollfs, a glândula prostática tem a sua origem no seio urogenital (SUG), uma estrutura endodérmica.

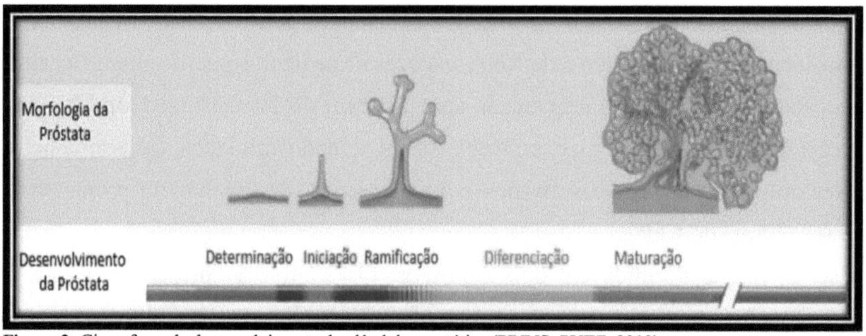

Figura 2: Cinco fases de desenvolvimento da glândula prostática (PRINS; PUTZ, 2010).

O processo de desenvolvimento pode ser categorizado em cinco fases distintas: (1) determinação, (2) iniciação, (3) ramificação, (4) diferenciação e (5) maturação (Figura 2) (PRINS; PUTZ, 2010).

Para a proliferação celular, a diferenciação e a função normal da glândula prostática, os androgénios são essenciais, uma vez que a próstata é uma glândula altamente sensível e dependente de androgénios. Após a maturação, a glândula pode ser dividida anatomicamente em cinco zonas: zona fibromuscular, que constitui 30% do volume prostático e não possui elementos glandulares; zona central, que abrange 25% do tecido glandular; zona periférica, onde se desenvolve a maioria dos casos de câncer prostático (CaP); zona periuretral e zona transicional, onde ocorre o desenvolvimento da maioria dos casos de hiperplasia prostática benigna (HPB) (Figura 3) (PRAJAPATI et al., 2013; PRINS; PUTZ, 2010).

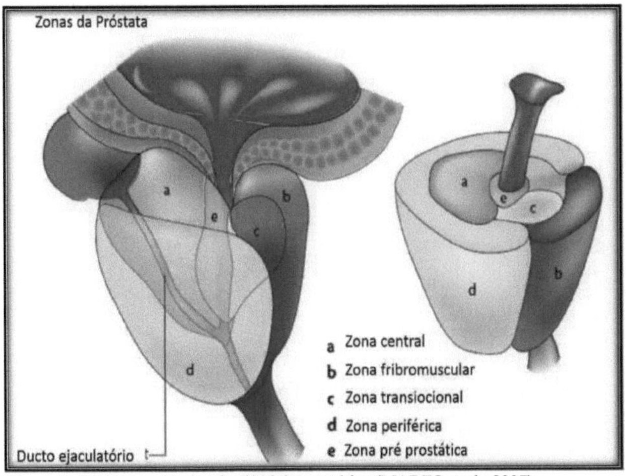

Figura 3: Divisão anatómica da glândula prostática (MARZO et al., 2007)

1.1. Caracterização das células prostáticas

Histologicamente, a próstata é constituída por dois compartimentos celulares distintos: o estromal e o epitelial. O compartimento epitelial é composto por quatro tipos celulares: basal, luminal, transitório e neuroendócrino (Figura 4).

A proporção de células estromais e epiteliais numa próstata humana normal é de 2:1. As diferentes populações de células da próstata podem ser identificadas pela sua morfologia, localização e expressão de diferentes marcadores moleculares (PRINS; PUTZ, 2010; TIMMS, 2008).

As células estaminais e basais são responsáveis pela renovação epitelial, formando uma camada plana acima da membrana basal. Estas células expressam marcadores como o fator anti-apoptótico Bcl-2; CD44, p63 (homólogo de p53), fator de crescimento de hepatócitos (HGF) e citoqueratinas como CK5 e CK14. Nas células basais, os níveis de expressão do recetor de androgénio são baixos ou praticamente indetectáveis, o que torna estas células independentes do androgénio de sobrevivência (WANG et al., 2001).

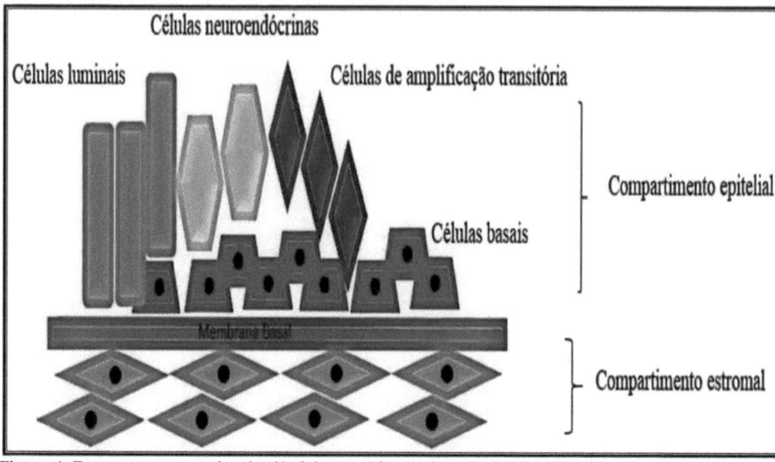

Figura 4: Esquema representativo da glândula prostática. (Adaptado de PRAJAPATI et al., 2013)

As células secretoras luminais são responsáveis pela secreção de fluidos prostáticos, representando o principal tipo celular da glândula prostática, constituindo uma camada em forma de coluna acima da membrana basal (GOLDSTEIN et al., 2010). Ao contrário das células basais, estas células segregam o antigénio específico da próstata (PSA), são dependentes de androgénios e expressam citoqueratinas de baixo peso molecular, tais como, CK8 e 18, CD57 e p27(Kipl) um inibidor do ciclo celular (LONG et al., 2005; PRAJAPATI et al., 2013).

As células neuroendócrinas (NE) são uma população rara, localizada entre as camadas basal e luminal da glândula prostática. Tal como as células basais, estas células são independentes dos androgénios. Expressam principalmente cromogranina A, sinaptofisina e enolase específica dos neurónios. As células NE podem também produzir e segregar neuropeptídeos como a bombesina, a calcitonina e a neurotensina. Acredita-se que esses neuropeptídeos auxiliam o crescimento e a diferenciação do conjunto de células epiteliais (AMORINO; PARSONS, 2004).

Na camada efitelial, temos um pequeno grupo de células intermediárias, que expressam marcadores de células luminal e basal, essas células são denominadas células amplificadoras de transidade (TACs). Essas células apresentam uma intensa capacidade de proliferação e são responsáveis pela amplificação celular e diferenciação em células luminais (PRAJAPATI et al., 2013).

A camada estromal, composta por fibroblastos, miofibroblastos e, principalmente, por células musculares lisas, circunda a camada epitelial. Os fibroblastos sintetizam componentes da matriz extracelular, enquanto as células musculares lisas são responsáveis pela contração da glândula e pela interação epitélio-estroma.

Em sua maioria, as células da camada estromal expressam marcadores de células mesenquimais, tais como, CD34, vimentina, CD44, Cl 17 e CD90 (TAKAO; TSUJIMURA, 2008).

As células que constituem a glândula prostática podem estar envolvidas em três patologias principais: HPB, PCa e prostatite (PRAJAPATI et al., 2013).

1.2. DOENÇAS DA PRÓSTATA

A glândula prostática apresenta uma elevada heterogeneidade celular e é um dos órgãos mais susceptíveis a alterações relacionadas com a idade. Estas alterações podem evoluir para doenças como a prostatite, a HBP e, em casos mais graves, o CaP (PRAJAPATI et al., 2013).

A prostatite é a patologia prostática mais comum em homens com menos de 50 anos de idade, com uma incidência de 12%. A sua génese é mal compreendida e multifatorial. As formas mais comuns são: prostatite bacteriana aguda e crónica e prostatodinia (RHODEN, 1999).

A HBP é caracterizada pelo crescimento inicial da glândula prostática, desenvolvendo-se normalmente em homens com mais de 40 anos. Os sintomas relacionados à HBP podem causar grandes prejuízos na qualidade de vida do paciente, sendo necessária, em alguns casos, a intervenção cirúrgica. (AVERBECK et al., 2010).

O CaP é uma doença multifatorial e heterogénea (BARBIERI; TOMLINS, 2014), e por essa razão o seu desenvolvimento não é claramente compreendido. A heterogeneidade das células cancerígenas pode ser explicada por dois modelos: modelo de evolução clonal (estocástico) e modelo de células estaminais cancerígenas (CSC) (CHEN et al., 2013; SAMPIERI; FODDE, 2012).

O modelo clássico de evolução clonal postula que todas as células cancerígenas são tumorigénicas e que o sucesso da cura está associado ao número de células cancerígenas eliminadas pela terapia (SPILLANE; HENDERSON, 2007; TU; LIN, 2012).

No entanto, existem evidências consideráveis de que alguns tipos de cancro, como o CaP, podem conter uma população rara de células estaminais, capazes de se diferenciar em células tumorigénicas, gerando células cancerígenas maduras. Por esse motivo, as CSC estão a ser associadas à iniciação, formação, progressão, recorrência, metástases e resistência à terapêutica do tumor (BAPAT, 2007).

Neste contexto, o CaP e a HBP estão entre os problemas associados à próstata mais recorrentes em homens idosos. Ambas as doenças representam um enorme desafio para o sistema de saúde, uma vez que são altamente complexas e afectadas por vários factores, tais como: desequilíbrio hormonal, stress oxidativo, poluentes ambientais, inflamação, hereditariedade, envelhecimento e até mesmo o cruzamento entre as células estromais e epiteliais dentro da glândula prostática (BARCLAY et al., 2005; GOLDSTEIN et al., 2010; PRAJAPATI et al., 2013).

A monitorização das alterações prostáticas pode ser feita através de quatro metodologias: toque retal, dosagem do antígeno prostático específico (PSA), ultrassonografia transretal e biópsia prostática. Esta última deve ser considerada em todos os casos em que o toque retal ou a dosagem do PSA indiquem anormalidades (INCA, 2002).

O DRE é o exame mais utilizado, ainda que com algumas limitações, uma vez que apenas as zonas posterior e lateral da próstata podem ser examinadas, deixando 40 a 50% dos tumores fora do seu alcance. As estimativas de sensibilidade variam entre 55 e 68%, e o valor pré-dectivo positivo é estimado entre 25 e 28%. O DRE associado a níveis de PSA entre 1,5 a 2 ngmL, tem uma sensibilidade de 95% para deteção de CaP (INCA, 2002; PRAJAPATI et al., 2013).

A classificação histológica utilizada e aceite em todo o mundo para este tipo de tumor é a classificação de *Gleason*, elaborada pelo patologista anatómico *Donald Gleason.*

Este sistema baseia-se em cinco graus básicos (Figura 5) para gerar uma pontuação histológica que varia de 2 a 10 para o tumor. A avaliação é feita pela soma do padrão primário (zona predominante) e do padrão secundário (área representativa). Quanto maior o escore, pior é o prognóstico.

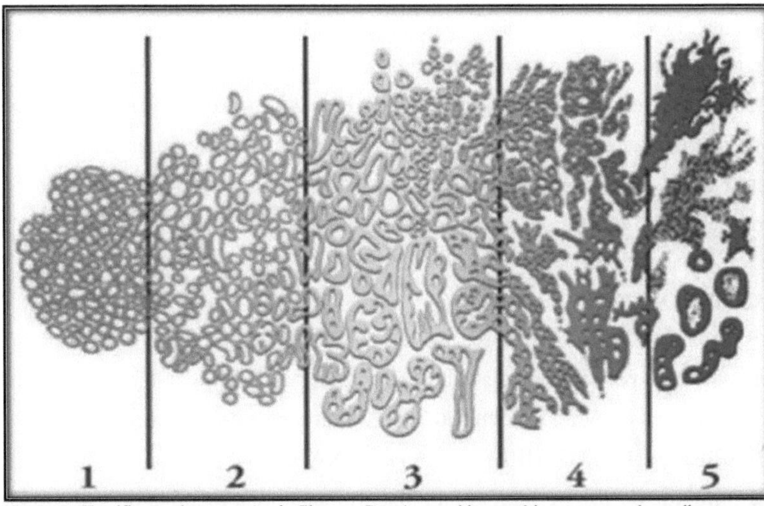

Figura 5: Classificação da pontuação *de Gleason*: Grau 1 - o tecido prostático canceroso é semelhante ao tecido normal. As glândulas são pequenas, bem formadas e bem compactadas. Grau 2 - O tecido ainda tem glândulas bem formadas, mas são maiores e com mais tecido entre elas. Grau 3 - O tecido ainda tem glândulas reconhecíveis, mas as células são mais escuras e algumas delas saíram das glândulas
e estão a invadir o tecido circundante num padrão infiltrativo. Grau 4 - O tecido tem poucas glândulas reconhecíveis. Muitas células estão a invadir o tecido circundante. Grau 5 - O tecido não tem glândulas reconhecíveis .[2]

1.3. EPIDEMIOLOGIA DO CANCRO DA PRÓSTATA

De acordo com o Instituto Nacional do Câncer (INCA-2014) no Brasil, a estimativa para 2014 e 2015 indica uma ocorrência de cerca de 576 mil novos casos de câncer. Desse total, estima-se que cerca de 69 mil casos sejam de CaP, o que corresponde a 70,42 casos novos a cada 100 mil homens e mostra a incidência nacional de CaP (INCA, 2014).

A última estimativa mundial realizada em 2012, aponta o CaP como o segundo tipo de cancro mais frequente na população masculina, com 1,1 milhões de casos em 2012. Segundo o INCA, o único fator de risco bem estabelecido para o desenvolvimento do CaP é o envelhecimento, uma vez que 62% dos casos são diagnosticados em homens com mais de 65 anos de idade (INCA, 2014). No entanto, outros factores como a história familiar, a nutrição, a obesidade e até a etnia podem ser considerados factores de risco associados ao CaP.

Os dados informados pelo INCA sobre mortalidade por CaP mostram um perfil ascendente, semelhante ao perfil de incidência no Brasil. Entretanto, quando diagnosticado e tratado a tempo, o CaP apresenta um prognóstico positivo.

Neste contexto, estão a ser envidados muitos esforços para desenvolver métodos de diagnóstico e tratamentos melhores e mais precoces para o CaP. Um dos triunfos da

[2] http:// sperlingprostatecenter.com/prostate-cancer/

biologia molecular nos últimos anos é a elucidação dos mecanismos moleculares relacionados com a origem e o desenvolvimento do CaP.

Por esta razão, a compreensão da expressão genética, bem como os estudos imunológicos relacionados com a produção e libertação de citocinas no microambiente tumoral, e o desenvolvimento de biomarcadores candidatos para o diagnóstico e terapia do cancro estão a ser fortemente eleitos como uma ferramenta para a compreensão do CaP.

1.4. ASPECTOS MOLECULARES DA PCA

Há mais de 50 anos que os biomarcadores são utilizados para diagnosticar e monitorizar o cancro da próstata. Em particular, a descoberta do PSA, por Wang e colaboradores em 1979, alterou significativamente a deteção e o tratamento do cancro da próstata (STANGELBERGER et al., 2007; HELF E; CATALONA, 2014).

No entanto, a utilidade do PSA é limitada na discriminação dos estádios do CaP ou na diferenciação do CaP de condições benignas como a HBP (STANGELBERGER et al., 2007).

Outra questão fundamental é o aumento da incidência de CaP entre os pacientes com níveis de PSA inferiores a 4 ng/mL, o que reflecte a necessidade urgente de desenvolver novas ferramentas para ajudar na deteção do CaP. (STANGELBERGER et al., 2007; WICHA, 2012).

Na grande maioria dos casos, o CaP resulta de uma série de alterações somáticas, que afectam vários genes em vários cromossomas. A compreensão de tais hipóteses relacionadas ao desenvolvimento e progressão do CaP é essencial para o diagnóstico precoce e a abordagem terapêutica correta (SCOTT D CRAMER, 2004; PESTELL; NEVALAINEN, 2008).

2. SELEX - A TÉCNICA

A Evolução Sistemática de Ligandos por Enriquecimento Exponencial (SELEX), foi desenvolvida em 1990, por três equipas de investigação distintas.

Ellington e Szostak (1990) utilizaram essa técnica para explicar a existência de sítios ativos, avaliando a capacidade das moléculas de RNA de formar interações específicas com pequenas moléculas, de forma semelhante às proteínas. (AQUINO-JARQUIN; TOSCANO- GARIBAY, 2011; ELLINGTON; SZOSTAK, 1990). Entretanto, Tuerk e Gold (1990) identificaram uma região de oito nucleotídeos no RNA capaz de interagir com a T4 DNA polimerase. Neste trabalho, duas sequências distintas foram selecionadas por SELEX a partir de um pool de aproximadamente 65.536 sequências (GOLD et al., 2015; TUERK; GOLD, 1990). No mesmo ano, Robertson & Joyce (1990), descreveram RNAs com atividade catalítica, selecionados *in vitro* (ROBERTSON; JOYCE, 1990; MAYER, 2009).

As moléculas selecionadas por SELEX são designadas por aptâmeros (do latim "aptus", que significa encaixar, e do grego "mers", partícula). São estruturas compostas por oligonucleotídeos, capazes de se ligar especificamente a moléculas-alvo, como DNA, RNA, proteínas e até mesmo bactérias ou outras células (AQUINO-JARQUIN; TOSCANO-GARIBAY, 2011; STOLTENBURG; REINEMANN; STREHLITZ, 2007).

A SELEX convencional, descrita há mais de duas décadas por Ellington e Szostak (1990), Tuerk e Gold (1990), foi melhorada desde então, permitindo uma seleção mais rápida e específica de aptâmeros contra vários tipos de moléculas-alvo.

Quando comparados aos anticorpos monoclonais, os aptâmeros apresentam algumas vantagens, tais como: síntese rápida, baixo custo, baixo peso molecular, baixa imunogenicidade, estabilidade, fácil purificação e modificação estrutural, alta especificidade, capacidade de recuperação conformacional ativa sob condições adequadas e uma vasta diversidade de moléculas-alvo (toxinas, enzimas, proteínas, vírus, bactérias e até mesmo células). Estas caraterísticas tornam os aptâmeros ideais para utilização em terapêutica, biossensorização e diagnóstico (LIU; LIN; LAN, 2013; ZHANG et al., 2013).

Esta técnica pode ser realizada em dias ou semanas, dependendo do número de ciclos de enriquecimento (rondas) introduzidos durante a SELEX (DARMOSTUK et al., 2015). Para iniciar os ciclos de seleção é necessária uma biblioteca de ácidos nucleicos (ADN ou ARN) que deve ser incubada com a molécula alvo durante as rondas de seleção. Os aptâmeros que apresentam alguma afinidade com a molécula alvo ligar-se-ão a ela e, após cada ronda, aptâmeros mais específicos, com elevada afinidade, serão enriquecidos por etapas adicionais de eluição e amplificação por PCR. No final do processo de enriquecimento, podem ser aplicadas metodologias como a clonagem e a sequenciação para distinguir e escolher as sequências selecionadas. Quando se utilizam aptâmeros de ARN, podem ser incluídas etapas adicionais de transcrição *in vitro* e transcriptase reversa entre as rondas de seleção.

As metodologias do tipo SELEX bem estabelecidas são amplamente utilizadas e são apresentadas como variantes do SELEX convencional. Uma das variantes mais utilizadas e bem descritas é a Cell-SELEX (DARMOSTUK et al., 2015).

2.1. CÉLULA-SELEX

O Cell-SELEX é um SELEX modificado que utiliza células vivas inteiras como alvos (OHUCHI, 2012). Através desta técnica, podem ser produzidos aptâmeros com elevada afinidade e especificidade para as células, permitindo a seleção de aptâmeros contra alvos altamente complexos, tais como células tumorais ou tecidos (ZHANG et al., 2010).

Para além da melhoria no processo de seleção quando comparado com o SELEX convencional, o Cell-SELEX permite a seleção de múltiplos aptâmeros contra vários alvos e com diversas aplicações. Sendo altamente específicos para as células-alvo, os aptâmeros selecionados por Cell-SELEX podem diferenciar qualquer número de células diferentes, ligando-se apenas às células-alvo, com elevada seletividade e afinidade (SMITH et al., 2007).

O primeiro Cell-SELEX foi realizado com o patógeno africano *Trypanosoma Brucei* (OHUCHI, 2012). Através desta metodologia, Homann e Goringer (1999) identificaram três classes de aptâmeros de RNA que se ligam ao parasita. Os aptâmeros selecionados apresentaram alta especificidade e afinidade para a forma infetante do parasita em amostras de sangue, não apresentando nenhuma especificidade para outros estágios de vida do patógeno (HOMANN;
GORINGER, 1999). Outros estudos apresentam a utilização de aptâmeros em vários tipos de cancro (GUO et al., 2008).

Sefah e colaboradores (2010) selecionaram uma série de aptâmeros contra as linhagens celulares de cancro colorrectal DLD1 e HCT116. Os estudos de avaliação da afinidade de ligação destes aptâmeros foram efectuados por citometria de fluxo e microscopia confocal. Os resultados mostraram uma elevada afinidade e seletividade para as células-alvo e provaram que os aptâmeros não reconheciam células normais do cólon ou outras células tumorais (SEFAH et al., 2010).

Utilizando uma linhagem celular de câncer colorretal altamente metastático, para selecionar aptâmeros específicos para metástases, Li e colaboradores (2014) selecionaram sete aptâmeros altamente específicos por Cell-SELEX. Neste trabalho, um dos aptâmeros selecionados foi funcionalizado e utilizado para transportar doxorrubicina, criando um sistema de entrega às células alvo e reduzindo a toxicidade para as células normais (LI et al., 2014). Além disso, os autores sugerem que os aptâmeros podem ser utilizados em combinação, uma vez que não há evidências de interferência nas capacidades de ligação aos alvos. Este estudo mostra que uma matriz de aptâmeros capazes de reconhecer caraterísticas distintas de moléculas alvo pode ser selecionada com sucesso por Cell-

SELEX, e que os aptâmeros podem ser funcionalizados individualmente visando aplicações específicas ou utilizados em combinação (LI et al., 2014).

Outro estudo importante descreveu a utilização do Cell-SELEX para selecionar dois aptâmeros contra células de glioblastoma (KANG et al., 2012).

Para PCa, algumas abordagens foram realizadas, usando Cell-SELEX para selecionar aptâmeros contra a linhagem de células tumorais da próstata, PC3, conforme descrito por Wang e colaboradores (2014). Os aptâmeros selecionados neste trabalho apresentam alta especificidade contra as células alvo, com uma constante de dissociação *(Kd)* na ordem de grandeza nanomolar. A afinidade e especificidade apresentadas do aptâmero selecionado o tornam um potencial candidato para aplicação em diagnóstico e terapêutica para PCa (WANG et al., 2014).

Dessa forma, estudos recentes mostram, após 60 anos da descoberta da estrutura dos ácidos nucléicos por Watson e Crick, o importante papel e a funcionalidade que essa molécula pode ter, além do armazenamento, transmissão e tradução de informações genéticas (SONG; LEE; BAN, 2012).

Atualmente, os aptâmeros têm sido apontados como molécula do futuro, com vários estudos destacando sua utilização combinada com outras estruturas, como nanomateriais, explorando propriedades e aplicações distintas (LIU; LIN; LAN, 2013; SMITH et al., 2007).

Além da aplicação de aptâmeros para auxiliar no diagnóstico e terapia de doenças como o cancro, outras abordagens no campo científico têm contribuído para o estudo desta doença, como por exemplo, a cultura de células tridimensionais (3D). A cultura de células tumorais em 3D destaca-se por ser capaz de mimetizar *in vitro,* caraterísticas morfológicas e funcionais do microambiente tumoral somente observadas *in vivo.*

Essas caraterísticas, associadas à especificidade dos aptâmeros e à metodologia Cell-SELEX, estabelecem uma nova fase para os estudos relacionados ao diagnóstico e terapia do câncer (HAISLER et al., 2013; SOUZA et al., 2010; TANNER; GOTTESMAN, 2015).

3. CULTURA DE CÉLULAS TRIDIMENSIONAIS

A cultura de células tem um papel importante na pesquisa científica, sua utilização é necessária para um melhor entendimento da biologia celular. A cultura de células foi desenvolvida pela primeira vez em 1907, quando Harrison decide estudar a origem das fibras nervosas, conseguindo assim desenvolver um método para manter tais células vivas em laboratório (AMARAL; MACHADO-SANTELLI, 2011; BRESLIN; O'DRISCOLL,

2013).

Com base nos resultados obtidos por Harrison (1907), Alexis Carrel (1912) focou seus estudos na cultura e manutenção de células *in vitro* por períodos prolongados de tempo (AMARAL; MACHADO-SANTELLI, 2011).

Observando suas culturas, Carrel (1912), concluiu que a disponibilidade do meio de cultura estava diretamente relacionada com a viabilidade e proliferação das células; já que a região central de suas culturas apresentava uma alta incidência de necrose. Para solucionar esse problema, Carrel, cultivou suas células em um suporte de seda, esse processo descreve o que pode ser considerado como a primeira técnica de cultura celular 3D (CARREL, 1912; AMARAL; MACHADO- SANTELLI, 2011).

A partir dos estudos realizados por Carrel (1912), pesquisadores como Holtfreter, (1944), Moscona, (1957) e Leighton, (1951) empenharam-se em aprimorar a técnica de cultura de células, promovendo avanços significativos na área.

Inicialmente, a cultura de células em monocamada era essencial para a investigação celular, no entanto, a arquitetura específica dos tecidos, a interação célula-célula e os sinais mecânicos e bioquímicos perdem-se nas condições simplificadas da cultura em monocamada (2D) (BRESLIN; O'DRISCOLL, 2013; LEEA et al., 2015).

Mesmo considerando a frequente alteração dos meios de cultura para fornecer os nutrientes necessários às células em cultura, é de fundamental importância considerar que os órgãos e tecidos são estruturas tridimensionais e são continuamente perfundidos pelos vasos sanguíneos e pela circulação (LI; CUI, 2014).

Dito isto, é evidente que existe uma diferença significativa no comportamento e na função das células, dependendo de onde são cultivadas numa monocamada plana (2D) banhada em meio de cultura, ou numa estrutura tridimensional complexa alimentada por vasos sanguíneos no corpo (LI; CUI, 2014; LEEA et al., 2015).

Além das caraterísticas já citadas, o ambiente 3D oferece outras peculiaridades, como a heterogeneidade celular promovida pelo microambiente, uma vez que as células não estão igualmente expostas ao oxigênio e aos nutrientes nos esferoides celulares (Figura 5) (HAISLER et al., 2013; LI; CUI, 2014; WINDUS et al., 2012).

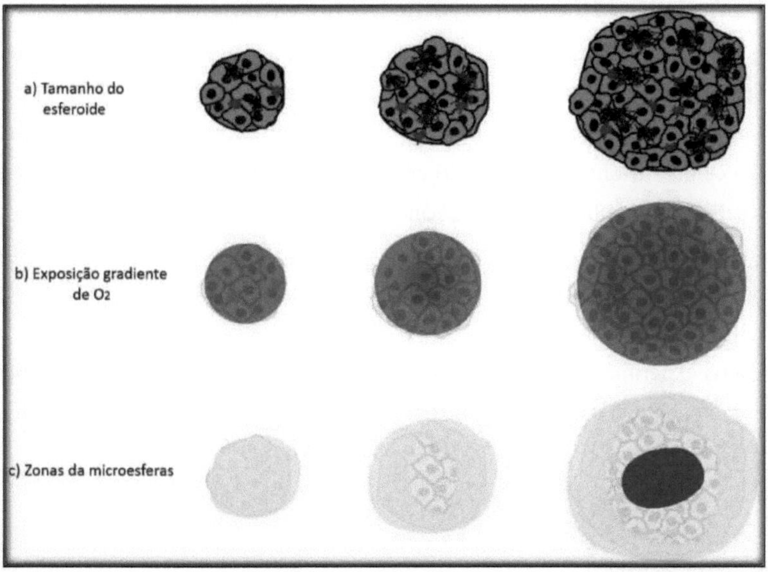

Figura 6: Morfologia celular 3D e microambiente, a) Crescimento de microesferas tumorais 3D; b) Exposição em gradiente ao O2 (vermelho: alta exposição, azul: baixa exposição); c) Zonas de microesferas (amarelo: zona de proliferação, preto: zona de necrose). Adaptado de THOMA et al., 2014.

Esta última caraterística da cultura celular 3D mimetiza o que ocorre no ambiente tumoral (tumores sólidos), tornando a cultura celular 3D um modelo bem definido e explorado para estudos que visam uma melhor compreensão dos mecanismos tumorigênicos (CUKIERMAN et al., 2001; ELLIOTT; YUAN, 2011). Em radioterapias, as culturas celulares 3D têm apresentado resultados semelhantes às curvas de resistência encontradas em tumores sólidos
(KUNZ-SCHUGHART et al., 2004). Neste sentido, vários modelos 3D têm sido propostos para melhor representar as condições *in vivo* (SAMBALEA et al., 2015).

Dentre os principais métodos para construção de modelos de cultura celular 3D, destaca-se o método de levitação magnética (MLM), abordado por Haisler e colaboradores (2013). Este método utiliza nanopartículas de óxido de ferro (FC2O3) e ouro (Au), revestidas com polilisina, e um aparato magnético para possibilitar a formação da estrutura 3D (SOUZA et al., 2010).

Neste método, as células são expostas a um campo magnético externo (aparelho magnético), para permanecerem presas umas às outras e suspensas numa interface ar-líquido formando uma estrutura esferoide densa (Figura 7). Essa estrutura é capaz de sintetizar componentes da matriz extracelular, que não estão presentes em uma cultura de células em monocamada, e mimetizar o nicho celular (HAISLER et al., 2013; SOUZA et al., 2010).

A MLM em cultura de células tem sido utilizada com uma variedade de outras técnicas, tais como, western blotting, imunofluorescência e imunohistoquímica (HAISLER et al., 2013). Essa técnica também pode ser aplicada em outros ensaios, como invasão, co-cultura e diferenciação celular. Molina et al., (2010) criaram um ensaio de invasão celular entre duas culturas separadas de glioblastoma humano e astrócitos normais, para investigar os mecanismos de invasão das células de glioblastoma. Tseng et al., (2013) utilizaram este método para criar modelos de co-cultura, montando sequencialmente múltiplas culturas 3D.

Considerando os experimentos apresentados, o MLM apresenta uma ferramenta muito versátil para experimentos básicos e complexos de cultura de células 3D (HAISLER et al., 2013).

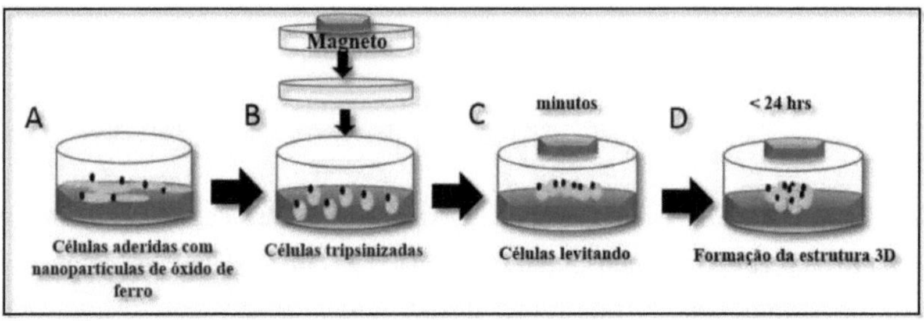

Figura 7: Esquema representativo da formação de esferóides de cultura de células 3D por MLM. A) As nanopartículas são incubadas numa cultura de células em monocamada. B) Após a absorção das nanopartículas, as células são tripsinizadas e transferidas para uma placa de cultura de baixa aderência com o aparelho magnético. C) Após alguns minutos, as células são atraídas pelo íman para a superfície do líquido, ficando suspensas na interface ar-líquido. **D)** Após 24 horas de suspensão, forma-se a estrutura esferoide 3D

REFERÊNCIAS

AMARAL, J. B. DO; MACHADO-SANTELLI, G. M. A cultura de celulas em 3 dimensoes e a sua aplicagao em estudos relacionados a forma^ao do lumen. **Naturalia,** v. 34, p. 1-20, 2011.

AMORINO, G. P.; PARSONS, S. J. Células neuroendócrinas no cancro da próstata. **Critical reviews in eukaryotic gene expression,** v. 14, n. 4, p. 287-300, 2004.

AQUINO-JARQUIN, G.; TOSCANO-GARIBAY, J. D. RNA aptamer evolution: Duas décadas de seleção. **International Journal of Molecular Sciences,** v. 12, n. 12, p. 9155-9171, 2011.

AVERBECK, M. A. et al. Diagnóstico e tratamento da hiperplasia prostática benigna.

Revista da AMRIGS, v. 54, n. 4, p. 471^177, 2010.

BAP AT, S. A. Evolução das células estaminais cancerígenas. **Seminários em Biologia do Cancro,** v. 17, n. 3, p. 204-213,2007.

BARBIERI, C. E.; TOMLINS, S. A. O genoma do cancro da próstata: Perspectivas e potencialidades. **Urologic Oncology: Seminars and Original Investigations,** v. 32, n. 1, p. 95-102, 2014.

BARCLAY, W. W. et al. Um sistema para estudar as interações epitélio-estroma revela capacidades indutoras distintas das células estromais da hiperplasia benigna da próstata e do cancro da próstata. **Endocrinology,** v. 146, n. 1, p. 13-18, 2005.

BRESLIN, S.; O'DRISCOLL, L. Cultura celular tridimensional: O elo perdido na descoberta de medicamentos. **Drug Discovery Today,** v. 18, n. 5-6, p. 240-249, 2013.

CARREL, A. Sobre a vida permanente dos tecidos fora do organismo. **Journal of Experimental Medicine,** v. 15, p. 516-528,1912.

CHEN, X. et al. New insights into prostate cancer stem cells. **Cell cycle (Georgetown, Tex.),** v. 12, n. 4, p. 579-86, 2013.

CUKIERMAN, E. et al. Taking cell-matrix adhesions to the third dimension. **Science,** v. 294, n. 5547, p. 1708-1712, 2001.

DARMOSTUK, M. et al. Abordagens actuais em SELEX: Uma atualização da tecnologia de seleção de aptâmeros. **Biotechnology Advances,** 2015.

ELLINGTON, A. D.; SZOSTAK, J. W. Seleção in vitro de moléculas de RNA que ligam ligandos específicos. **Nature,** v. 346, n. 6280, p. 818-822, 1990.

ELLIOTT, N. T.; YUAN, F. A Review of Three-Dimensional In Vitro Tissue Models for DrugDiscovery and Transport Studie. **Journal of pharmaceutical sciences,** v. 100, n. 10, p. 59-74, 2011.

GOLD, L. et al. Aptamers e o mundo do RNA, passado e presente. **Cold Spring Harbor Laboratory Press,** p. 1-10, 2015.

GOLDSTEIN, A. S. et al. Identificação de uma célula de origem do cancro da próstata humano. **Science,** v. 329, n. 5991, p. 568-571, 2010.

GUO, K. T. et al. Cell-SELEX: Novas perspectivas de terapêuticas baseadas em aptâmeros.

International Journal of Molecular Sciences, v. 9, n. 4, p. 668-678,2008.

HAISLER, W. L. et al. Cultura de células tridimensionais por levitação magnética. **Nature protocols,** v. 8, n. 10, p. 1940-9, 2013.

HELF E, B. T.; CATALONA, W. J. A epidemiologia e as implicações clínicas da variação genética no cancro da próstata. **Urologic Clinics of North America,** v. 41, n. 2,

p. 277-297, 2014.

HOLTFRETER, J. A study of the mechanics of gastrulation. **Journal of Experimental Zoology,** v. v. 95, n. n. 2, p. 171-212,1944.

HOMANN, M.; GORINGER, H. U. Seleção combinatória de ligandos de RNA de alta afinidade para tripanossomas africanos vivos. **Nucleic Acids Research,** v. 27, n. 9, p. 2006- 2014, 1999.

INCA. Cancer da prostata: consenso. **Ministerio da Saude,** v. 1, p. 20,2002.

INCA. **Estimativa Incidência de câncer no Brasil - 2014.** [s.l: s.n.].

KANG, D. et al. Seleção de Aptâmeros de DNA contra Células de Glioblastoma com Alta Afinidade e Especificidade. **PLoS ONE,** v. 7, n. 10, p. 1-9, 2012.

KUNZ-SCHUGHART, L. A. et al. The use of 3-D cultures for high-throughput screening: the multicellular spheroid model. **Journal of biomolecular screening,** v. 9, n. 4, p. 273-285, 2004.

LEEA, J. B. et al. Um novo ensaio de permeabilidade in vitro utilizando um sistema tridimensional de cultura de células. **Jornal de Biotecnologia,** 2015.

LEIGHTON, J. Um método de matriz de esponja para cultura de tecidos. Formação de agregados organizados de células in vitro. **Journal of the National Cancer Institute,** v. 15, p. 275- 293,1951.

LI, W. M. et al. Seleção baseada em Cell-SELEX de aptâmeros que reconhecem alvos distintos em células de câncer colorretal metastático. **Biomaterials,** v. 35, n. 25, p. 6998-7007, 2014.

LI, Z.; CUI, Z. **Cultura tridimensional de células perfundidasBiotechnology Advances,** 2014.

LIU, K.; LIN, B.; LAN, X. Aptâmeros: A promising tool for cancer imaging, diagnosis, and therapy. **Journal of Cellular Biochemistry,** v. 114, n. 2, p. 250-255, 2013.

MARZO, A. M. DE et al. Inflamação na carcinogénese da próstata. **Nature Reviews Cancer,** v. 7, n. 4, p. 256-269, 2007.

MAYER, G. A biologia química dos aptâmeros. **Angewandte Chemie - International Edition,** v. 48, n. 15, p. 2672-2689, 2009.

MOLINA, J. R. et al. Células invasivas de glioblastoma adquirem esternidade e aumento da ativação de Akt. **Neoplasia,** v. 12, n. 6, p. 453-463,2010.

MOSCONA, A. O desenvolvimento in vitro de agregados quiméricos de células embrionárias dissociadas de pinto e rato. **Proc. Natl. Acad. Sci. USA,** v. 57, p. 184-194, 1957.

OHUCHI, S. Tecnologia Cell-SELEX. **BioResearch Open Access,** v. 1, n. 6, p. 265-

272, 2012.

PESTELL, R. G.; NEVALAINEN, M. T. **Prostate cancer.** Totowa, EUA: Humana Press, 2008.

PRAJAPATI, A. et al. Prostate stem cells in the development of benign prostate hyperplasia and prostate cancer: emerging role and concepts. **BioMed research international,** v. 2013, p. 107954, 2013.

PRINS, G. S.; PUTZ, O. Vias de sinalização molecular que regulam o desenvolvimento da glândula prostática. **Differentiation,** v. 76, n. 6, p. 641-659, 2010.

RHODEN, E. L. Urologia. In: **Prostata,** [s.l.] Artmed editora S.A, 1999. p. 50-52.

ROBERTSON, D. L.; JOYCE, G. F. Seleção in vitro de uma enzima de ARN que cliva especificamente ADN de cadeia simples. **Nature,** v. 344, n. 6265, p. 467-468,1990.

SAMBALEA, F. et al. **3D cultures conquer in vitro** testingViennaJoumal of Biotechnology, ,2015.

SAMPIERI, K.; FODDE, R. Células estaminais cancerígenas e metástases. **Seminários em Biologia do Câncer,** v. 22, n. 3, p. 187-193, 2012.

SCOTT D CRAMER. **Stem cells and prostate cancer,** [s.l.] Springer US, 2004. v. 3

SEFAH, K. et al. DNA aptamers as molecular probes for colorectal cancer study. **PLoS ONE,** v. 5, n. 12, p. 1-14, 2010.

SMITH, J. E. et al. Aptamer-conjugated nanoparticles for the collection and detection of multiple cancer cells. **Analytical Chemistry,** v. 79, n. 8, p. 3075-3082, 2007.

SONG, K. M.; LEE, S.; BAN, C. Aptamers e suas aplicações biológicas. **Sensors,** v. 12, n. l,p. 612-631,2012.

SOUZA, G. R. et al. Cultura tridimensional de tecidos baseada em levitação magnética de células. **Nature nanotechnology,** v. 5, n. 4, p. 291-296, 2010.

SPILLANE, J. B.; HENDERSON, M. A. Cancer stem cells: A review. **ANZ Journal of Surgery,** v. 77, n. 6, p. 464-468, 2007.

STANGELBERGER, A. et al. Marcadores de rastreio do cancro da próstata. **The Journal of Men's Health & Gender,** v. 4, n. 3, p. 233-244,2007.

STOLTENBURG, R.; REIN EMANN, C.; STREHLITZ, B. SELEX-A (Método revolucionário para gerar ligandos de ácidos nucleicos de alta afinidade). **Biomolecular Engineering,** v. 24, n. 4, p. 381-403, 2007.

TAKAO, T.; TSUJIMURA, A. Células estaminais da próstata: O nicho e os marcadores celulares.

International Journal of Urology, v. 15, n. 4, p. 289-294, 2008.

TANNER, K.; GOTTESMAN, M. M. Para além dos modelos de cultura 3D de cancro.

Science Translational Medicine, v. 7, n. 283, p. 7-10,2015.

THOMA, C. R. et al. Sistemas de cultura de células 3D que modelam determinantes do crescimento tumoral na descoberta de alvos do cancro. **Advanced Drug Delivery Reviews,** v. 69-70, p. 29-41,2014.

TIMMS, B. G. **Desenvolvimento da próstata: Uma perspetiva histórica. Differentiation,** v. 76, p. 565-577, 2008.

TSENG, H. et al. Montagem de um modelo tridimensional de cocultura de brônquios multitipos utilizando levitação magnética. **Tissue engineering. Part C, Methods,** v. 19, n. 9, p. 665-75,2013.

TU, S.-M.; LIN, S.-H. Células estaminais do cancro da próstata. **Clinical Genitourinary Cancer,** v. 10, n. 2, p. 69-76, 2012.

TUERK, C.; GOLD, L. Evolução sistemática de ligandos por enriquecimento exponencial: Ligantes de RNA para a DNA polimerase do bacteriófago T4. **Science,** v. 249, n. 4968, p. 505- 510,1990.

WANG, Y. et al. Linhagem de diferenciação celular na próstata. **Differentiation; research in biological diversity,** v. 68, n. 4-5, p. 270-279, 2001.

WANG, Y. et al. DNA aptamer evoluído por cell-SELEX para reconhecimento de cancro da próstata. **PLoS ONE,** v. 9, n. 6, p. 1-10, 2014.

WICHA, M. S. PSA Lo and behold: Células estaminais do cancro da próstata. **Cell Stem Cell,** v. 10, n. 5, p. 482^83,2012.

WINDUS, L. C. E. et al. Os padrões de expressão de biomarcadores in vivo são preservados em culturas 3D de cancro da próstata. **Experimental Cell Research,** v. 318, n. 19, p. 2507-2519, 2012.

ZHANG, J. et al. Nanopartículas de ouro conjugadas com aptâmeros para bioanálise. **Nanomedicina,** v. 8, n. 6, p. 983-993, 2013.

ZHANG, Y. et al. Aptamers selecionados por cell-SELEX para aplicação em estudos sobre o cancro.
Bioanalysis, v. 2, n. 5, p. 907-918, 2010.

CAPÍTULO 2

3D Cell-SELEX: Rastreio e caraterização de novos aptâmeros de ARN que se ligam especificamente a células humanas de cancro da próstata .[3]

RESUMO

O cancro da próstata humano (CaP) é uma doença altamente heterogénea e multifatorial. Os biomarcadores clínicos actuais não são suficientemente precisos, pelo que não são capazes de prever o resultado clínico. Por conseguinte, continua a ser necessária a procura de novos biomarcadores com o objetivo de melhorar o diagnóstico, o prognóstico e a terapia. Neste estudo, realizámos 3D Cell-SELEX contra a linha celular de cancro da próstata PC-3, uma nova estratégia para selecionar ligandos de ácidos nucleicos específicos contra células esferóides em cultura de células 3D. Este sistema original combina Cell-SELEX, um processo que explora a estrutura celular para gerar ligandos específicos, e cultura de células 3D, uma abordagem que imita o microambiente do tecido *in vitro*. Na primeira ronda de Cell-SELEX 3D, foi efectuada uma seleção negativa contra RWPE-1, uma linha de células não tumorais, para subtrair aptâmeros não específicos de tumores. O sobrenadante foi utilizado em oito rondas adicionais de seleção, que foram realizadas contra a linha de células PC-3. Após nove ciclos de seleção, foram selecionados e sequenciados oito aptâmeros de ARN específicos da PC-3. Os aptâmeros apresentaram tamanhos entre 20 e 50 nucleotídeos de comprimento, com baixa energia livre ($\Delta G < -13,6$), o que contribuiu para seu dobramento espontâneo e alta estabilidade. Além disso, nossos resultados mostraram o aptâmero A4 como um ligante específico para células tumorais de próstata, com constante de dissociação na escala nanomolar. Por conseguinte, o novo procedimento 3D Cell-SELEX melhorou a seleção de ligandos da superfície celular de PCa e o aptâmero A4 demonstrou potencial para a identificação de células tumorais da próstata, sugerindo a aplicação desta molécula em mais ensaios de rastreio para PCa.

Palavras-chave: Cancro da próstata; Cultura de células 3D; Cell-SELEX; Aptâmeros de ARN.

[3] publicado em Experimental Cell Research, 2016. doi: 10.1016/j.yexcr.2016.01.015.

1- INTRODUÇÃO

Estimativas recentes demonstraram que o cancro da próstata (CaP) é o sexto tipo de cancro mais comum em todo o mundo e a segunda causa de morte nos homens. A origem, a progressão e a recorrência desta doença são pouco conhecidas devido à sua elevada complexidade e heterogeneidade [1], [2].

Os biomarcadores que auxiliam o diagnóstico do CaP são essenciais para melhorar a sobrevivência dos doentes, mas a sensibilidade e a especificidade dos biomarcadores actuais são ainda imprecisas. Embora a utilização do antigénio específico da próstata (PSA) tenha contribuído significativamente para o rastreio do CaP no passado, não está exclusivamente relacionado com a ocorrência do tumor e apresenta uma especificidade muito baixa. Assim, continuam a ser necessários biomarcadores para melhorar e promover o diagnóstico precoce do CaP [3]. Assim, propusemos a utilização combinada de cultura celular tridimensional (3D) [4] e evolução sistemática de ligandos por enriquecimento exponencial (SELEX) [5] para desenvolver novos biomarcadores com o objetivo de melhorar o diagnóstico do CaP e elucidar alguns dos mecanismos biológicos associados à ocorrência e estadiamento do tumor.

Podem ser construídos modelos tridimensionais utilizando o método de levitação magnética (MLM) [6],[7]. Este método utiliza a absorção de óxido de ferro (FeiOs), nanopartículas de ouro (Au) e poli-lisina pelas células. Após um período de incubação, as células ligam-se a estas nanopartículas, que podem ser manipuladas através da utilização de um campo magnético externo [6]. Quando este campo magnético é aplicado no topo da placa de cultura, as células levitam, formando um agregado, o que permite uma melhor interação célula-célula e uma exposição mais homogénea ao oxigénio e aos nutrientes do meio de cultura [8]. Além disso, este método também permite a avaliação dos componentes da matriz extracelular (CEM) formados por órgãos esferoidais, caraterísticas não evidenciadas em culturas de células em monocamada (2D) [5],[9]. Além disso, observam-se semelhanças com o microambiente *in vivo* nas culturas celulares 3D, contribuindo para a aplicação deste modelo na simulação de factores fisiológicos e da bioatividade de fármacos em algumas doenças, como o cancro [10],[11].

A metodologia SELEX é uma estratégia de seleção que utiliza pequenas moléculas de ARN ou ADN como sondas [12], [14], também designadas por aptâmeros, capazes de se ligarem a alvos biológicos específicos. A identificação de aptâmeros contra células inteiras é denominada Cell-SELEX [15], [16], uma técnica que oferece grandes vantagens relacionadas com a descoberta de ligandos específicos de células tumorais que podem ser utilizados para auxiliar o diagnóstico e a terapia devido à sua elevada seletividade [17], [18].

A nossa investigação descreve a utilização do método 3D Cell-SELEX como uma estratégia para selecionar ligandos promissores contra células tumorais no seu microambiente. A nossa estratégia levou-nos ao desenvolvimento de aptâmeros específicos que se ligaram a células esferóides formadas por uma linha de células tumorais agressivas da próstata, PC-3, e esta prova de conceito pode ser mais vantajosa devido ao microambiente proporcionado pela cultura de células 3D, representando uma evolução do método SELEX proposto por Ellington e Tuerk em 1990[12],[13].

2- MATERIAIS E MÉTODOS

2.1. Cultura 2D

Foram utilizadas quatro linhas celulares estabelecidas: Linha celular epitelial da próstata humana (RWPE-1), linhas celulares de cancro da próstata humano (PC-3 e LNCaP), linha celular de cancro da tiroide humano (TPC-1). RWPE-1 e PC-3 foram gentilmente doadas por Hernandes F. Carvalho, PhD da Universidade de Campinas (Unicamp-SP, Brasil) e do Instituto Nacional do Câncer (Inca-RJ, Brasil), respetivamente. LNCaP foi adquirida do banco de células do Rio de Janeiro (BCRJ). RWPE-1 foi cultivado em meio livre de soro de queratinócitos com extrato de pituitária bovina (BPE), fator de crescimento epidérmico recombinante humano (EGF), 10% de soro fetal bovino (Gibco), 100 U/mL de penicilina e 100 mg/mL de estreptomicina. PC-3, LNCaP e TPC-1 foram cultivadas em meio RPMI 1640 suplementado com 10% de soro fetal bovino (Gibco), 100 U/mL de penicilina e 100 mg/mL de estreptomicina. As linhas celulares cultivadas foram incubadas a 37°C e 5% de CO2 até 80% de confluência. O meio de cultura foi mudado uma vez de três em três dias.

2.2. Levitação de células magnéticas

A cultura de células 3D foi efectuada pelo método de levitação magnética (MLM), utilizando o kit Nano3D Biosciences, tal como descrito noutro local[7]. Este kit foi fornecido com um aparelho magnético e uma solução de nanoshuttle (NS), composta por óxido de ferro (FC2O3) e nanopartículas de ouro cobertas com poli-lisina.

A NS foi adicionada a ambas as culturas celulares (PC-3 e RWPE-1) a cerca de 80% de confluência, na proporção de 8 pL de NS *por* cm^2 . As células foram incubadas numa incubadora de cultura de células com CO2 padrão (37°C, 5% CO2) e, após 12 horas, as células de cultura aderentes foram colhidas com solução de tripsina-EDTA (Coming).

A tripsina foi inactivada com soro fetal de bovino (Gibco). As células foram contadas e semeadas (3,2 x 10^6 células/poço) em 6 placas multipoços de fixação ultra-baixa (Coming). O aparelho magnético foi colocado sobre a tampa da placa de cultura durante 48 horas para promover a levitação magnética e gerar células esferóides levitadas (fig. 1).

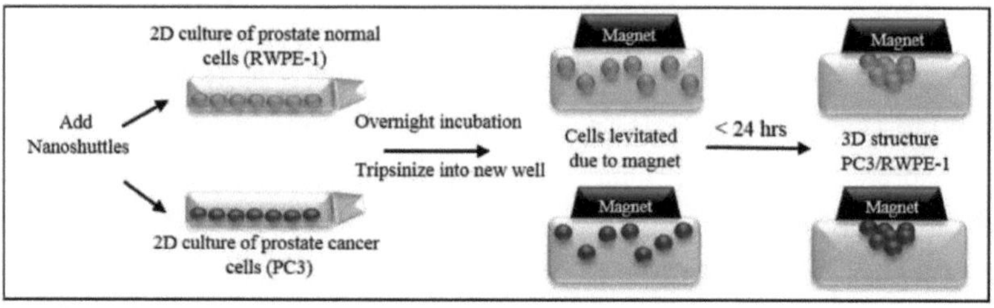

Fig 1: Cultura de células por MLM. Esquema representativo para demonstrar a formação da estrutura celular tridimensional em ambas as linhas celulares, RWPE-1 e PC3, por MLM.

2.3. Construção da biblioteca RNA

Para a construção da biblioteca, utilizámos 1 pg do pool de ADN genómico do sangue humano de PCa. O pool de ADN foi fragmentado aleatoriamente utilizando um sonicador (Thorton) e amplificado por PCR assimétrico utilizando primers de hibridação (reverse: hyb-REV e forward: hyb-FOR), tal como descrito noutros estudos [18],[19].

Após a PCR assimétrica, os produtos da reação foram separados por eletroforese em gel de agarose a 2,5%. Os amplicões que variam entre 40-700 nucleótidos foram purificados por precipitação de ADN utilizando acetato de amónio (7,5 M) e o pellet foi ressuspendido em 10 |LLL de água purificada. A biblioteca de ARN foi completada com a introdução da sequência do promotor T7 na extremidade 5'através de amplificação por PCR (26 ciclos) nas seguintes condições: 20 s de desnaturação a 93°C, 40 s de recozimento a 50°C e 40 s de extensão a 72°C; o último ciclo seguido de 10 min a 72°C, utilizando os fix-primers (5' - GAG GAC GAT GCG G -N40-700- GTC TGC TGC TCG CCC T- 3') flanqueando todas as sequências da biblioteca. Foi introduzido o promotor T7 para exprimir aptâmeros de ARN com sequências aleatórias. Os fragmentos purificados foram convertidos em ARN por transcrição *in vitro* utilizando o kit T7 RiboMAX, de acordo com as instruções do fabricante (Promega).

2.4. 3D Procedimento Cell-SELEX

O processo foi efectuado como demonstrado na fig. 2. O 3D Cell-SELEX foi realizado com 9 rondas de seleção. Na primeira ronda de seleção, utilizámos esferóides RWPE-1 para a seleção negativa, a fim de subtrair ligandos de aptâmeros não específicos para PC-3. Os outros oito ciclos (2nd - 9th) foram efectuados com esferóides PC-3 como alvo.

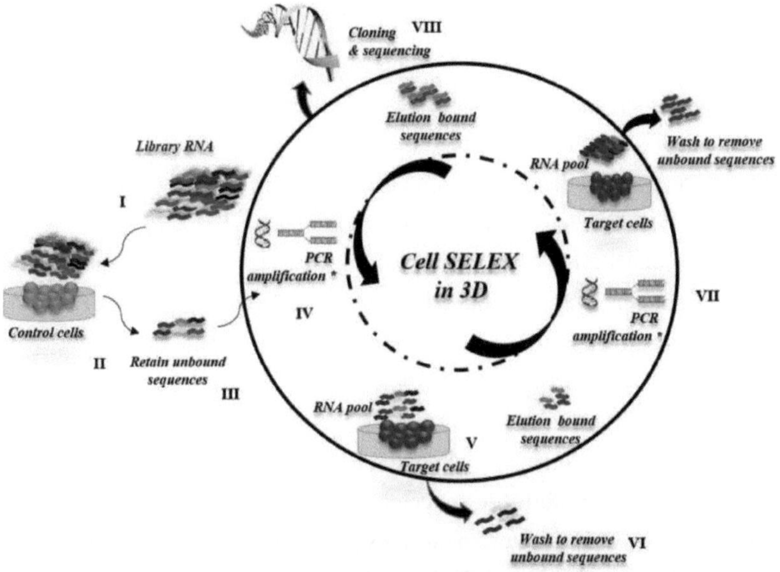

Fig 2: Representação esquemática da seleção de aptâmeros baseada em células 3D. I-Construção da biblioteca de ARN. **II-** Seleção negativa com células não-alvo (RWPE-1). **ID-** As sequências não ligadas foram amplificadas por PCR **(IV)** e depois transcritas. **V-** O pool de ARN foi incubado com as células-alvo, dando início a uma nova ronda de seleção. **VI-** As sequências não ligadas foram removidas. **VII-** As sequências ligadas foram eluídas da célula-alvo, amplificadas por PCR e depois transcritas novamente. Este ciclo foi repetido 8 vezes e, em seguida, realizou-se a clonagem e a sequenciação **(VIII)** para obter os aptâmeros. Adaptado de Wang et al., 2014[27].

Antes de cada ronda de 3D Cell-SELEX, 3,2 x 10^6 células foram cultivadas por MLM para formar estruturas celulares 3D, tal como descrito acima. Após 48 horas de levitação magnética, os esferóides foram lavados três vezes com PBS pré-arrefecido. Em seguida, 10 nmol da biblioteca de ARN foram dissolvidos em 1 mL de tampão de ligação (0,01M PBS com 5 nmol de MgCb e 4,5 g de glucose) e incubados com células de controlo de esferóides (RWPE-1) a 37° C durante Ih. Após a incubação, a biblioteca de ARN foi removida e submetida a transcrição reversa. O cDNA obtido foi utilizado como modelo e amplificado por PCR com fix-primers. O fragmento amplificado foi purificado como descrito acima e utilizado para a reação de transcrição *in vitro* (RiboMAX™), de acordo com as instruções do fabricante (Promega). Na segunda ronda de seleção, os esferóides PC-3 foram incubados a 37°C durante Ih com o sobrenadante da biblioteca de aptâmeros de ARN recuperada na primeira ronda. Em seguida, o sobrenadante foi removido e as células foram lavadas com uma solução tampão (0,01 M PBS; 5 nmol MgCb). Os aptâmeros que se ligaram especificamente às células-alvo foram eluídos adicionando 500 pL de tampão de lavagem e aquecendo a 95°C durante 5 min.

Após centrifugação, a solução eluída foi precipitada, como descrito acima, e depois utilizada para transcrição reversa. O cDNA recuperado foi utilizado como descrito na primeira ronda. Para obter aptâmeros altamente específicos, a pressão de seleção foi aumentada de 7th para 9th seleção, aumentando o número de lavagens (de duas para três). Os aptâmeros que foram especificamente enriquecidos para as células esferóides PC-3 foram subclonados e avaliados após nove ciclos de seleção.

A quantidade de biblioteca de ARN recuperada após cada ronda foi quantificada utilizando o espetrofotómetro NanoDrop ND-1000 (NanoDrop Technologies) a um comprimento de onda de 260 nm e 280 nm, após eluição a 95°C - 5 min.

2.5. Clonagem e sequenciação

Após nove rondas de 3D Cell-SELEX, o conjunto de aptâmeros foi clonado no pGEM® - T Easy Vetor (Promega) e transformado em células competentes DH5a, de acordo com as instruções do fabricante. Após a extração do ADN plasmidial, 96 clones da nona ronda foram sequenciados utilizando o primer Ml3 forward. Os plasmídeos foram seqüenciados na Universidade de Campinas (Unicamp-Brasil).

As sequências dos clones foram alinhadas e os motivos de consenso foram identificados pelo *pacote de software Clustal* do conjunto de programas de biologia molecular GCG. O software online *Sfold* foi utilizado para prever as estruturas secundárias e obter valores de ΔG para cada aptâmero. Foram estabelecidos três parâmetros para avaliar a especificidade dos aptâmeros de ARN para a ligação à PC-3: (1) os aptâmeros devem ter tamanhos de sequência entre 20 e 50 nucleótidos, (2) a seleção das sequências deve basear-se na presença de motivos comuns e (3) as sequências de aptâmeros devem apresentar uma energia livre mínima *(energia livre de Gibbs - ΔG)* das estruturas secundárias previstas que conduziriam a um dobramento espontâneo.

2.7. Imagiologia fluorescente da ligação de células de aptâmero

O aptâmero selecionado, A4, e uma sequência baralhada foram sintetizados com extremidades de biotina por tecnologia de ADN integrada (IDT). Para as imagens fluorescentes, as células-alvo, PC-3, e as células de controlo negativo, RWPE-1, LNCaP e TPC-1, foram fixadas numa placa de cultura de fundo de vidro de 35 mm com uma solução refrigerada de acetona-metanol (50% v/v) e lavadas duas vezes com PBS lx. As células foram incubadas com o aptâmero e a sequência codificada (500nM) em 200µL de tampão de ligação a 37°C durante 1 hora. Após lavagem duas vezes com PBS e incubação com lµg/ml de estreptavidina-FITC durante 40 minutos a 4°C, as células foram coradas com 4'6-diamidino-2-fenilindole (DAPI) durante 10 minutos. Após três lavagens com PBS, a imagem das células foi efectuada com uma objetiva de 20X utilizando o microscópio de fluorescência EVOS (Thermo Fisher Scientific).

2.8. Análise citométrica de fluxo

A especificidade e a afinidade de ligação do aptâmero foram determinadas por citometria de fluxo. Para avaliar a especificidade, o aptâmero foi testado em quatro linhagens de células: PC-3, LNCaP, RWPE-1 e TPC-1. A sequência do aptâmero foi incubada com 2 x 10^5 células a 37°C durante 1 hora em 100 µl de tampão de ligação. Depois de serem lavadas duas vezes com PBS, as células foram incubadas com lug/ml de estreptavidina-FITC durante 40 minutos a 4°C. Em seguida, as células foram analisadas por citometria de fluxo após terem sido lavadas e ressuspendidas em 100 pl de tampão de lavagem. As células marcadas apenas com estreptavidina-FITC foram utilizadas como controlo negativo. A afinidade de ligação do aptâmero A4 à célula-alvo, PC-3, foi testada em diferentes concentrações. A intensidade média de fluorescência das células-alvo marcadas com os aptâmeros foi utilizada para calcular a ligação específica, subtraindo a intensidade média de fluorescência do controlo negativo. As constantes de dissociação de equilíbrio *(Kd)* da interação aptâmero-célula foram obtidas ajustando a dependência da intensidade de fluorescência da ligação específica da concentração do aptâmero à equação $Y = B_{max} X/(Kd+X)$, utilizando o software Sigma Plot (Jandel, San Rafael,CA).

2.9. Tratamento com proteinase

Para determinar se o aptâmero A4 tem como alvo as proteínas de membrana, tratámos as células PC-3 com proteinase K. As células cultivadas foram lavadas duas vezes com PBS à temperatura ambiente e dissociadas com 0,05% de tripsina/EDTA. Depois de serem lavadas, 2 x 10^5 células foram incubadas com 200 µl de 0,1 mg/ml de proteinase K em PBS a 37°C, durante 30 segundos, 1, 2 e 10 minutos. Foi utilizado um meio completo para parar a reação. Depois de lavadas, as células tratadas foram incubadas com o aptâmero A4 e submetidas a citometria de fluxo, como descrito acima [20].

3- RESULTADOS

3.1. Avaliação das rondas de seleção

Foram realizadas nove rondas de seleção para selecionar aptâmeros altamente específicos contra células esferóides 3D da linha celular PC-3 (fig. 3). O enriquecimento de cada ronda foi monitorizado através da quantificação das moléculas eluídas. Na primeira ronda de seleção negativa, 0,06 nmol de aptâmeros da biblioteca original foram ligados à RWPE-1. Na segunda ronda, o rácio de ligação dos aptâmeros foi 4 vezes superior para PC-3 quando comparado com RWPE-1, o controlo negativo. No entanto, na terceira ronda, aproximadamente apenas um terço das moléculas se ligaram às células-alvo, o que indica uma maior seletividade e especificidade ao longo das rondas. Entre as rondas 3th e 9th , foi possível observar o enriquecimento de ligandos específicos durante cada ronda. Após o ciclo de seleção 7th , não foi observada qualquer variação significativa no número de moléculas, o que implica que os aptâmeros de ARN específicos para PC-3 atingiram a especificidade máxima de ligação (fig. 4).

3.2. Análise de sequências de aptâmeros

Após a sequenciação, foram obtidas 45 (de 96) sequências válidas da última ronda de seleção e, entre elas, 37 (de 45) sequências foram excluídas, por não atingirem os três parâmetros de critérios previamente descritos. As oito sequências restantes foram selecionadas para caraterização e validação adicionais (tabela 1). As estruturas secundárias previstas e os valores mínimos de energia livre para os oito aptâmeros foram obtidos pelo *software S-fold* e são apresentados na fig. 5. Os alinhamentos realizados entre os aptâmeros selecionados revelaram 13 tipos diferentes de motivos de sequência em regiões aleatórias. Todos os aptâmeros selecionados apresentaram mais do que um motivo, com muitos motivos repetitivos na mesma sequência (fig. 6).

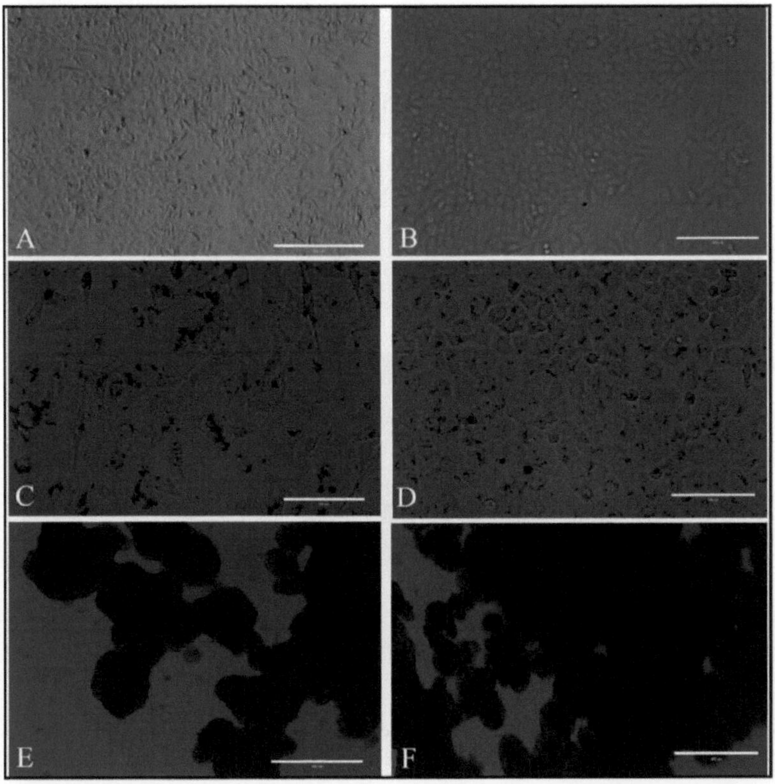

Fig. 3: Formação da estrutura 3D das linhas celulares. A) RWPE-1 em cultura 2D (20x). **B)** Cultura 2D de PC-3 (20x). **C)** RWPE-1 2D-cultura com solução de nanoshuttle (40x). **D)** Cultura PC-3 2D com solução de nanoshuttle (40x). E) Cultura RWPE-1 3D levitada magneticamente (20x). F) Cultura 3D de PC-3 levitada magneticamente (20x).

3.3 Capacidade de ligação do aptâmero candidato

Após a sequenciação e análise dos oito aptâmeros, foram selecionadas duas sequências (A4 e A6) para posterior caraterização. No entanto, ao comparar as sequências A4 e A6, ambos os aptâmeros mostraram semelhanças na sua estrutura e sequências lineares. Uma vez que o aptâmero A4 apresentava um tamanho mais pequeno, 28 pb, esta sequência foi selecionada para os ensaios de validação. A interação PC-3-A4 foi calculada quantitativamente pela constante de equilíbrio, mostrando uma elevada *afinidade* com Kdin à escala nanomolar *(Kd=* 71,57 +12, 96 nM) (fig. 7). Considerando todas as linhagens celulares testadas, o conjugado PC-3-A4 apresentou uma maior intensidade de fluorescência quando comparado com as outras linhagens celulares e com a sequência codificada (fig. 8). O conjugado LNCaP-A4 apresentou uma fluorescência menos intensa, e as linhas celulares RWPE-1 e TPC-1 não apresentaram qualquer fluorescência quando conjugadas com nenhuma das sequências testadas.

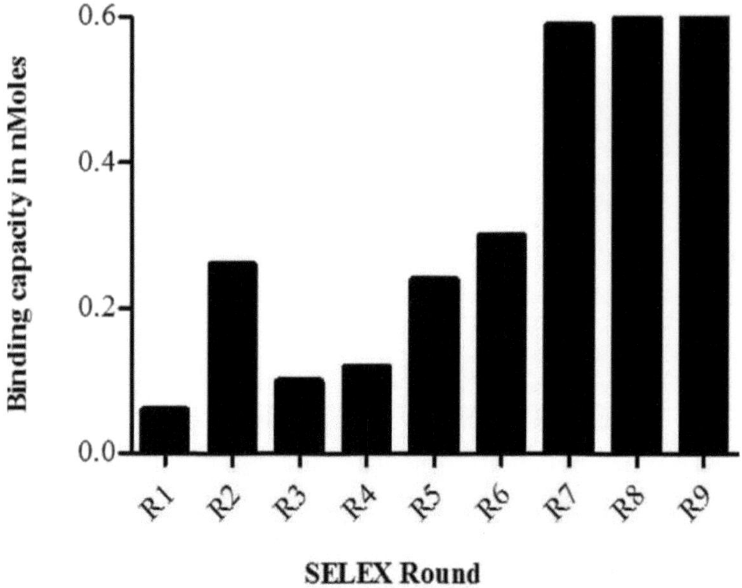

Fig. 4: Avaliação da biblioteca na seleção. Enriquecimento da biblioteca de oligonucleótidos durante as nove rondas de seleção por 3D Cell-SELEX. RI: seleção negativa da linha celular RWPE-1 em 3D; R2-R9: alvo da linha celular PC-3 em 3D.

Quadro 1: Sequências dos aptâmeros selecionados com as regiões dos motivos a negrito.

Name	Seq 5'-3'	ID Genbank	ΔG
A1	T**GGG**GAACACAACCTC**TTC**T	32805663	-16.9
A4	**AGCCGAG**AG**GTA**AGC**AAA**A**CCA**CG**CCCG**	32805667	-17.6
A6	CA**AGCCGA**TTTTGGC**GAGCAGCAGACAG**G**TTCCG**	32805668	-16.4
A7	ACACAC**ATAGGG**C**GAGCAG**C**AAA**CCG**CCA**CAA**CCG**	32805669	-13.8
A9	**GGG**TG**GTACAG**A**ATA**CCGGTG**TGACCCCA**TT**TTC**CT**CCG**	32805670	-17.9
A10	ATGG**TGAG**T**GGG**GGTGCT**CCCA**TGGTGCTG**CCCGAC**CTC	32805664	-22.2
A11	A**ATAGGG**G**CCAG**GC**GTA**TC**TGAG**CTC**CTATTC**TCTTTGT**CCC**	32805665	-28.5
A12	**CTAGGGAGTAGGG**C**GAGCAGCAGAC**A**CAG**AAGG**CCCCATA**T**CCG**	32805666	-18.8

- All Aptamer sequences are flanked by the primer sequences: 5' GAG GAC GAT GCG G; 3' GTC TGC TGC TCG CCC TA.

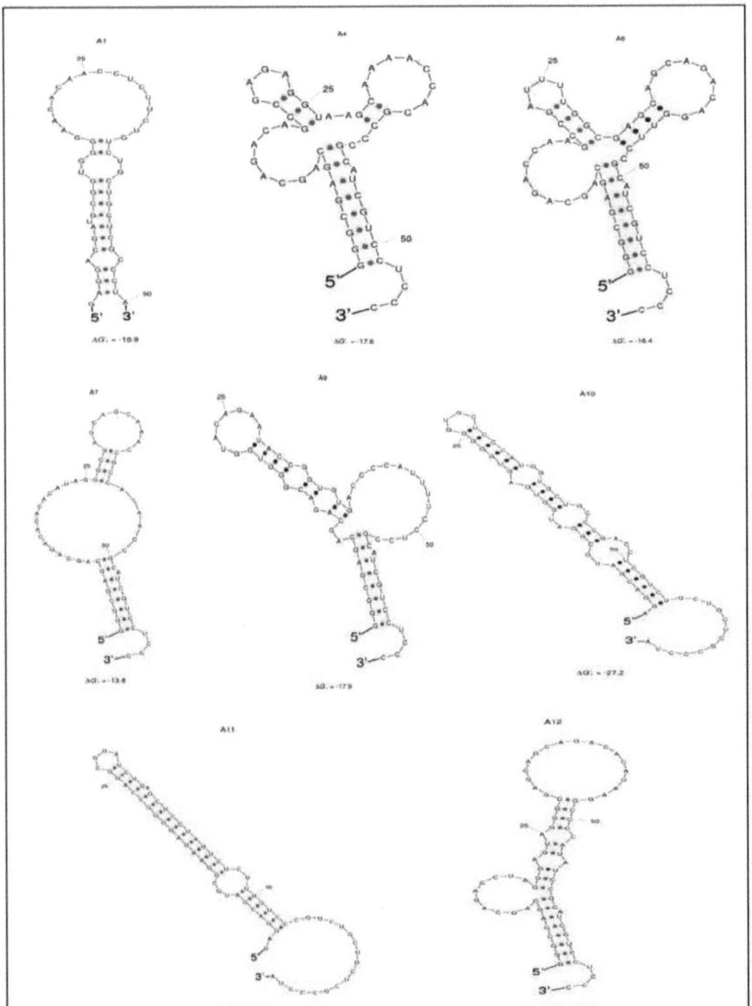

Fig. 5: Estruturas secundárias previstas para os aptâmeros. As estruturas secundárias de cada aptâmero foram demonstradas. As estruturas com menor energia livre (ΔG) foram exibidas. As predições de estrutura secundária foram determinadas usando o programa S-fold.

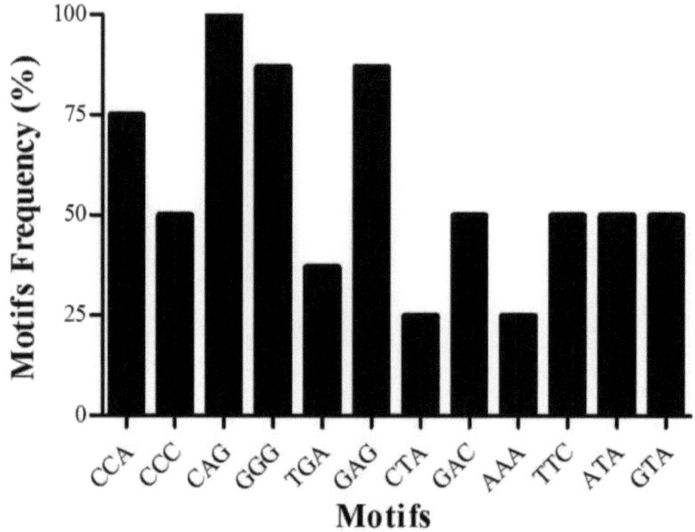

Fig 6: Frequência dos motivos. Frequência dos motivos das sequências nos aptâmeros selecionados por 3D Cell-SELEX

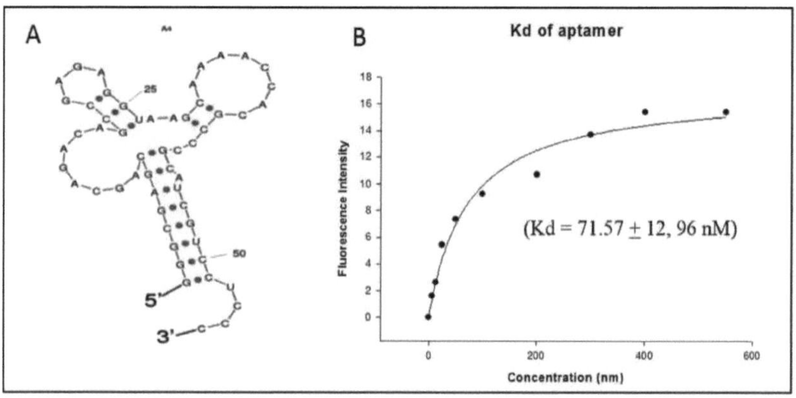

Fig. 7: Capacidade de ligação do aptâmero: A) Estrutura secundária de A4 prevista pelo *Sfold.* **B)** Constante de dissociação do aptâmero A4 para células PC-3 alvo. As concentrações do aptâmero A4 são 0, 6,25, 12,5, 25, 50, 100, 200, 300, 400 e 550 nM.

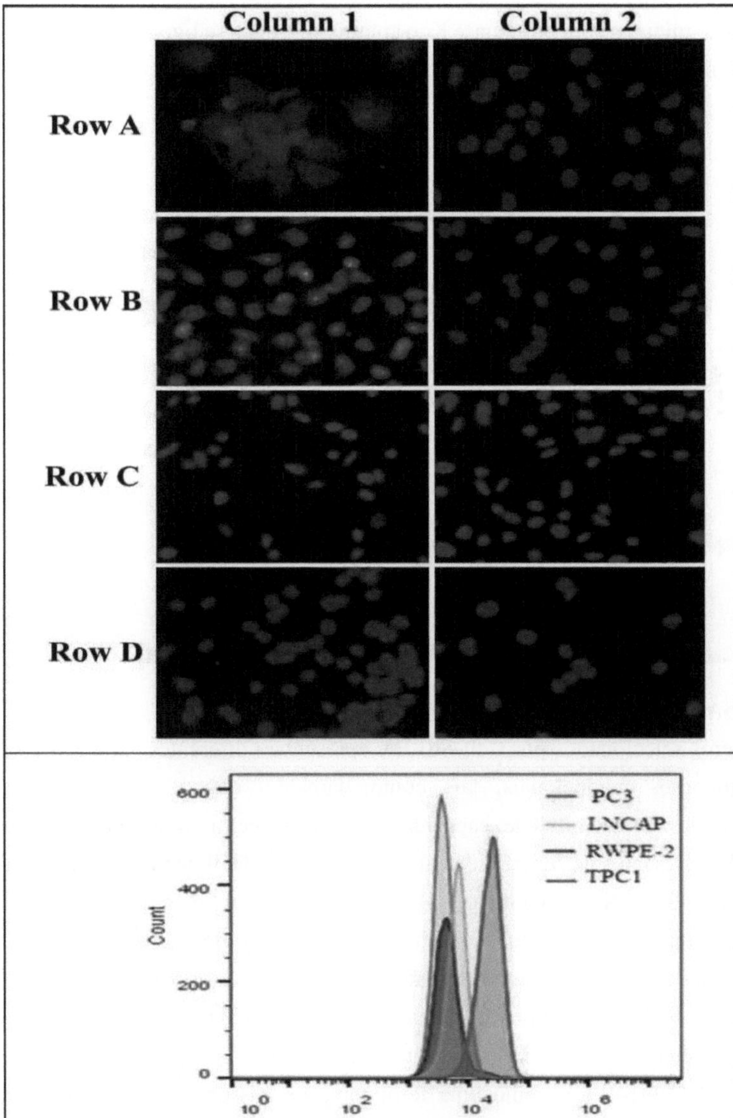

Fig. 8: Ensaio de especificidade do aptâmero A4 em diferentes linhas celulares. Coluna 1: linha de células com o aptâmero A4, Coluna 2: linha de células com scramble. Linha A) linha de células alvo PC-3, Linha B) linha de células LNCaP, Linha C) linha de células RWPE, Linha D) linha de células TPC-1. A concentração do aptâmero A4 foi de 500nM. Abaixo, gráfico de histograma de citometria de fluxo.

3.4. Determinação da região-alvo do aptâmero A4

A microscopia de fluorescência indica que o aptâmero A4 se liga à superfície das células PC-3. Por esse motivo, submetemos as células PC-3 à digestão com proteinase K para confirmar que o alvo era uma proteína de membrana. Como se mostra na fig. 9, depois de tratado durante dois minutos com proteinase K, o aptâmero A4 não se ligou às células PC-3, confirmando a nossa hipótese.

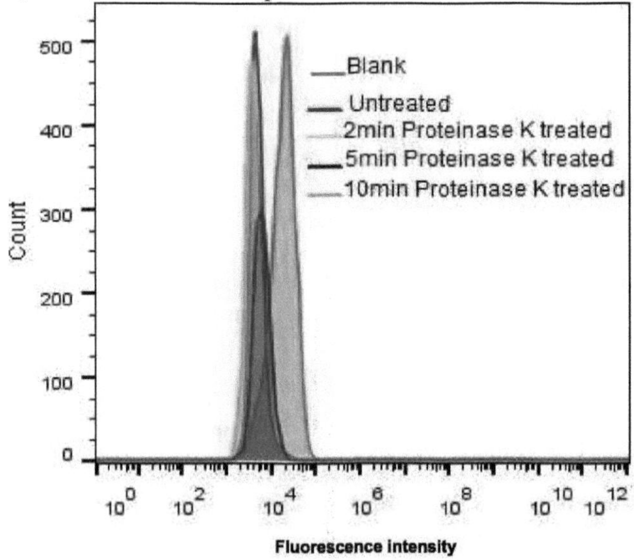

Fig. 9: Ligação do aptâmero A4 à proteinase K tratada. A concentração do aptâmero A4 foi de 500nM.

4- DISCUSSÃO

Os aptâmeros selecionados por Cell-SELEX apresentam diferentes vantagens em relação aos anticorpos monoclonais, tais como: tamanho reduzido, ausência de imunogenicidade, elevada estabilidade, capacidade de reconhecer a conformação nativa das moléculas alvo presentes na superfície celular, e podem ser facilmente sintetizados e modificados [19], [20]. Neste contexto, a superfície celular é um componente extremamente importante para o sucesso da seleção de aptâmeros por Cell-SELEX, uma vez que os alvos dos aptâmeros estão localizados na superfície da membrana [21]. No entanto, a superfície celular em cultura de células 2D não representa a complexidade das células *in vivo,* que são melhor replicadas por culturas de células 3D [22]. Por conseguinte, introduzimos o 3D Cell-SELEX como uma ferramenta promissora para a seleção de aptâmeros contra microambientes tecidulares específicos, utilizando esferóides de uma linha de células tumorais agressivas (PC-3) como prova de conceito.

Embora os aptâmeros possam ser de ADN ou ARN, realizámos o 3D Cell-SELEX com uma biblioteca de ARN, porque foi proposto que os aptâmeros de ARN permitem uma melhor conformação da estrutura terciária e podem apresentar uma ligação mais específica ao alvo em comparação com o aptâmero de ADN e as proteínas [23]. O tamanho reduzido dos aptâmeros de ARN de cadeia simples torna-os mais susceptíveis de serem introduzidos nas células do que os aptâmeros de ADN, com o mesmo número de nucleótidos. Além disso, quando conjugados com ligandos adicionais, tais como nanopartículas, podem ser utilizados para a administração intracelular de fármacos [23], [24], [25].

Os aptâmeros têm sido descritos como uma ferramenta importante para a descoberta de biomarcadores e, utilizando a técnica Cell-SELEX, podemos detetar e caraterizar proteínas específicas da superfície celular na membrana, o que constitui um novo conceito cunhado por Cavalier-Smith, como membranoma [21],[26],[27]. Assim, estudos anteriores descreveram a seleção de aptâmeros por Cell-SELEX contra diferentes linhas celulares tumorais de cancro colorrectal [28], cancro da próstata [20], glioblastoma [29], cancro da mama, cancro do cólon [30] e cancro gástrico [31]. No entanto, os aptâmeros também podem ser diretamente selecionados contra alvos específicos, tais como: PSMA [32], EGFR [33], [34], CD4 [35], CTLA-4 [36], 0-secretase [37], HER3 [38], NF-kB [39], 0-catenina [40], proteína do tumor de Wilms [41], CD133 [42] e TGF-B [43]. No entanto, tanto quanto é do nosso conhecimento, não foi selecionado nenhum aptâmero específico para PC-3 contra esferóides produzidos em cultura de células 3D utilizando MLM.

Neste trabalho, descrevemos a cultura celular 3D utilizando MLM, permitindo a formação de estruturas tumorais, fenotipicamente semelhantes aos tumores *in vivo* [22]. Essa semelhança se deve à disponibilidade desigual de fatores biofísicos, como nutrientes e oxigênio, ocasionando a formação de microambientes heterogêneos, com a presença de necrose e hipóxia, como observado em tumores *in vivo* [7], [44]. Além disso, quando comparado com a cultura de células 2D, este método proporciona uma melhor exposição dos domínios extracelulares das proteínas de membrana, devido à conformação tridimensional, onde ocorre a ligação dos aptâmeros [21].

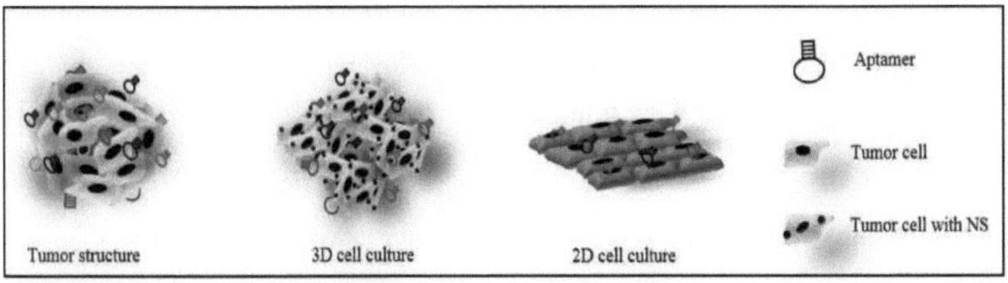

Fig. 10: Modelo representativo da estrutura celular e possíveis interações entre os receptores de superfície celular e os aptâmeros. A) Estrutura do tumor e interação com os aptâmeros. B) Estrutura celular em 3D e interação com os aptâmeros. C) Estrutura celular em 2D e interação com os aptâmeros.

Embora a cultura de células 2D tenha contribuído fortemente para a compreensão de muitos aspectos da biologia celular, não representa de forma fiável a arquitetura específica do tecido, causando a perda de sinais mecânicos e bioquímicos, e diminuindo as interações célula-célula, quando comparada com o microambiente *in vivo* [9], [20], [21]. Assim, acreditamos que a seleção de aptâmeros realizada pelo 3D Cell-SELEX pode ser melhor para a seleção *in vitro* de aptâmeros específicos, contribuindo para a melhoria do diagnóstico, prognóstico e terapia de diferentes doenças.

No nosso processo 3D Cell-SELEX, foram selecionados oito aptâmeros e a sua estrutura secundária foi prevista e analisada *in silico.* As estruturas secundárias dos aptâmeros apresentaram loops internos onde podem ocorrer interações putativas entre os aptâmeros e seus alvos. É importante enfatizar que as bases de RNA incompatíveis dentro dessas estruturas são mais flexíveis e podem facilmente mudar a sua conformação, formando estruturas em gancho para acomodar um ligante e/ou agir como doadores ou receptores de átomos para formar ligações de hidrogénio [45]. É interessante notar que os ribonucleótidos conservados em alguns dos oito aptâmeros selecionados estão localizados principalmente em regiões de laço, o que sugere que os motivos estão diretamente relacionados com a interação entre os aptâmeros e as suas proteínas-alvo presentes na superfície celular (fig.5). No entanto, mesmo com a maioria dos ribonucleótidos conservados entre os oito aptâmeros selecionados, estes podem demonstrar constantes de afinidade diversificadas contra o seu alvo, uma vez que a alteração de apenas uma base na sequência do aptâmero pode alterar significativamente o valor da constante de afinidade, calculado entre o aptâmero e o seu alvo [20].

Os aptâmeros mais pequenos podem interagir melhor com os sítios-alvo e transpor facilmente as barreiras tecidulares *in vivo,* quando comparados com as proteínas e os aptâmeros maiores [45]. O aptâmero A4 foi escolhido porque apresentava todos os critérios necessários, bem como a sequência mais pequena entre os aptâmeros selecionados. Nos ensaios de citometria de fluxo e de fluorescência, o aptâmero A4 não se ligou às células RWPE-1 ouTPC-1, mostrando uma elevada especificidade e eficácia na deteção e discriminação das células tumorais da próstata das células saudáveis e de outras células tumorais.

Estes resultados confirmam a elevada especificidade dos aptâmeros e o seu potencial para detetar proteínas de superfície celular sobreexpressas, bem como para reconhecer pequenas diferenças entre elas, demonstrando a capacidade dos aptâmeros para diferenciar caraterísticas celulares únicas, particularmente entre células cancerosas e não cancerosas [21].

Estudos anteriores demonstraram que os aptâmeros selecionados em culturas celulares 2D são potenciais ferramentas para o diagnóstico e terapia de vários tipos de cancro, incluindo o PCa. Neste contexto, apresentamos o aptâmero A4, selecionado, caracterizado e validado neste estudo. Este aptâmero tem a vantagem de ser selecionado numa cultura celular 3D, permitindo que a molécula apresente uma resposta semelhante à que teria *in vivo.*

Concordamos que a superfície celular é um componente importante para o sucesso na descoberta de novos biomarcadores por Cell-SELEX. Assim, propomos o método 3D Cell-SELEX para melhorar a disposição das proteínas da superfície celular, a matriz extracelular e a sua interação com a biblioteca de aptâmeros, uma vez que a cultura de células 2D não pode representar o microambiente do tecido (fig. 10). Além disso, a seleção de ligandos específicos contra células esferóides numa estrutura celular 3D imitará melhor o microambiente tumoral, tornando-se vantajosa devido à facilidade de seleção *in vitro* com um melhor reconhecimento do alvo *in vivo.*

5- CONCLUSÃO

Em resumo, propomos a utilização de 3D Cell-SELEX como um novo método para selecionar aptâmeros contra alvos celulares e extracelulares, uma vez que a cultura de células 3D proporciona uma melhor exposição das proteínas da membrana. Assim, entre as oito sequências selecionadas, o aptâmero A4 mostrou uma elevada seletividade, permitindo a sua utilização no futuro como biomarcador para melhorar o diagnóstico, o prognóstico e a terapia do CaP.

AGRADECIMENTOS

Os autores agradecem às agências de fomento brasileiras, CAPES, FAPEMIG e CNPq. Os autores também gostariam de agradecer a Hernandes F. Carvalho, PhD, da Universidade de Campinas (Unicamp-SP, Brasil) pela doação da linhagem celular RWPE-1.

REFERÊNCIAS

[1] 1] E.-K. Lee, H. Cho, C.-W. Kim, Proteomic analysis of cancer stem cells in human prostate cancer cells, Biochem. Biophys. Res. Commun. 412 (2011) 279-285. doi: 10.1016/j .bbrc.2011.07.083.

[2] G. Zadra, C. Photopoulos, M. Loda, The fat side of prostate cancer, Biochim. Biophys. Ata - Mol. Cell Biol. Lipids. 1831 (2013) 1518-1532.

doi:10.1016/j.bbalip.2013.03.010.

[3] G. Yardy, S. McGregor, W. Bodmer, The molecular staging of prostate cancer [1], BJUInt. 95 (2005) 907. doi:10.1111/j.l464-410X.2005.05494.x.

[4] Z. Li, Z. Cui, cultura celular perfundida tridimensional, Biotechnol. Adv. 32 (2014) 243-254. doi:10.1016/j.biotechadv.2013.10.006.

[5] G.R. Souza, J.R. Molina, R.M. Raphael, M.G. Ozawa, D.J. Stark, C.S. Levin, et al., Three-dimensional tissue culture based on magnetic cell levitation, Nat. Nanotechnol. 5 (2010) 291-296. doi: 10.1038/nnano.2010.23.

[6] D.M. Timm, J. Chen, D. Sing, J. a Gage, W.L. Haisler, S.K. Neeley, et al., Um ensaio de migração celular tridimensional de alto rendimento para rastreio de toxicidade com análise de imagem macroscópica baseada em dispositivos móveis, Sci. Rep. 3 (2013) 3000. doi:10.1038/srep03000.

[7] W.L. Haisler, D.M. Timm, J. a Gage, H. Tseng, T.C. Killian, G.R. Souza, Three-dimensional cell culturing by magnetic levitation, Nat. Protoc. 8 (2013) 1940-1949. doi: 10.103 8/nprot.2013.125.

[8] K. Tanner, M.M. Gottesman, Beyond 3D culture models of cancer, Sci. Transl. Med. 7 (2015) 7-10.

[9] C.R. Thoma, M. Zimmermann, I. Agarkova, J.M. Keim, W. Krek, Sistemas de cultura de células 3D que modelam determinantes do crescimento tumoral na descoberta de alvos para o cancro, Adv. Drug Deliv. Rev. 69-70 (2014) 29-^1. doi:10.1016/j.addr.2014.03.001.

[10] S. Breslin, L. O'Driscoll, Three-dimensional cell culture: The missing link in drug discovery, Drug Discov. Today. 18 (2013) 240-249. doi:10.1016/j.drudis.2012.10.003.

[11] L.C.E. Windus, D.L. Kiss, T. Glover, V.M. Avery, os padrões de expressão de biomarcadores in vivo são preservados em culturas 3D de cancro da próstata, Exp. Cell Res. 318 (2012) 2507-2519. doi:10.1016/j.yexcr.2012.07.013.

[12] A.D. Ellington, J.W. Szostak, Seleção in vitro de moléculas de ARN que ligam ligandos específicos, Nature. 346 (1990) 818-822. doi:10.1038/346183a0.

[13] C. Tuerk, L. Gold, Systematic evolution of ligands by exponential enrichment: RNA ligands to bacteriophage T4 DNA polymerase, Science. 249 (1990) 505-510. doi: 10.1126/science.2200121.

[14] K.T. Guo, A. Paul, C. Schichor, G. Ziemer, H.P. Wendel, Cell-SELEX: Novel perspectives of aptamer-based therapeutics, Int. J. Mol. Sci. 9 (2008) 668-678.

doi:10.3390/ijms9040668.

[15] K. Sefah, D. Shangguan, X. Xiong, M.B. O'Donoghue, W. Tan, Development of DNA aptamers using Cell-SELEX, Nat. Protoc. 5 (2010) 1169-1185. doi: 10.103 8/nprot.2010.66.

[16] S. Ohuchi, Tecnologia Cell-SELEX, Biores. Open Access. 1 (2012) 265-272. doi: 10.1089/biores.2012.0253.

[17] Y. Zhang, Y. Chen, D. Han, I. Ocsoy, W. Tan, Aptamers selecionados por cell-SELEX para aplicação em estudos sobre o cancro, Bioanalysis. 2 (2010) 907-918. doi: 10.4155/bio. 10.46 .Aptamers.

[18] K. Marangoni, A.F. Neves, R.M. Rocha, P.R. Faria, P.T. Alves, A.G. Souza, et al., Prostate-specific RNA aptamer: promising nucleic acid antibody-like cancer detection, Sci. Rep. 5 (2015) 12090. doi:10.1038/srepl2090.

[19] B.S. Singer, T. Shtatland, D. Brown, L. Gold, Libraries for genomic SELEX, Nucleic Acids Res. 25 (1997) 781-786. doi: 10.1093/nar/25.4.781.

[20] Y. Wang, Y. Luo, T. Bing, Z. Chen, M. Lu, N. Zhang, et al., DNA aptamer evoluído por cell-SELEX para reconhecimento de cancro da próstata, PLoS One. 9 (2014) 1-10. doi: 10.1371/joumal.pone.0100243.

[21] Y.M. Chang, M.J. Donovan, W. Tan, Usando aptâmeros para a descoberta de biomarcadores de câncer, J. Nucleic Acids. 2013 (2013). doi: 10.1155/2013/817350.

[22] H. Jaganathan, J. Gage, F. Leonard, S. Srinivasan, G.R. Souza, B. Dave, et al., Modelo de Co-Cultura Tridimensional In Vitro de Tumor da Mama usando Levitação Magnética, Sci. Rep. 4 (2014) 6468. doi:10.1038/srep06468.

[23] K. Germer, M. Leonard, X. Zhang, RNA aptamers and their therapeutic and diagnostic applications, Int. J. Biochem. Mol. Biol. 4 (2013) 27-40.

[24] K.W. Thiel, P.H. Giangrande, Intracellular delivery of RNA-based therapeutics using aptamers, Ther. Deliv. 1 (2010) 849-861. doi:10.4155/tde.l0.61.

[25] P. Dua, S. Kim, D.K. Lee, Aptâmeros de ácido nucleico que visam proteínas da superfície celular, Methods. 54 (2011) 215-225. doi:10.1016/j.ymeth.2011.02.002.

[26] D. Ghosh, R.C. Beavis, J. a. Wilkins, The identification and characterization of membranome components, J. Proteome Res. 7 (2008) 1572-1583. doi:10.1021/pr070509u.

[27] T. Cavalier-Smith, "Membranome and membrane heredity in development and evolution," in Organelles, Genomes and Eukaryote Phylogeny an Evolutionary Synthesis in the Age of Genomics, 2012. doi:10.1201/9780203508930.

[28] K. Sefah, L. Meng, D. Lopez-Colon, E. Jimenez, C. Liu, W. Tan, DNA aptamers

as molecular probes for colorectal cancer study, PLoS One. 5 (2010) 1-14. doi: 10.1371/joumal.pone.OO 14269.

[29] D. Kang, J. Wang, W. Zhang, Y. Song, X. Li, Y. Zou, et al., Seleção de Aptâmeros de ADN contra Células de Glioblastoma com Elevada Afinidade e Especificidade, PLoS One. 7 (2012) 1-9. doi:10.1371/joumal.pone.0042731.

[30] K.H. Choi, M.W. Park, S.Y. Lee, M.-Y. Jeon, M.Y. Kim, H.K. Lee, et al., Intracellular expression of the T-cell fator-1 RNA aptamer as an intramer., Mol. Cancer Ther. 5 (2006) 2428-2434. doi: 10.1158/1535-7163.MCT-05-0204.

[31] X. Zhang, J. Zhang, Y. Ma, X. Pei, Q. Liu, B. Lu, et al., A cell-based singlestranded DNA aptamer specifically targets gastric cancer, Int. J. Biochem. Cell Biol. 46 (2014) 1-8. doi:10.1016/j.biocel.2013.10.006.

[32] J.O. McNamara, E.R. Andrechek, Y. Wang, K.D. Viles, R.E. Rempel, E. Gilboa, et al., Cell type-specific delivery of siRNAs with aptamer-siRNA chimeras, Nat. Biotechnol. 24 (2006) 1005-1015. doi:10.1038/nbtl223.

[33] N. Li, H.H. Nguyen, M. Byrom, A.D. Ellington, Inhibition of cell proliferation by an anti-egfr aptamer, PLoS One. 6 (2011) 1-10. doi:10.1371/joumal.pone.0020299.

[34] Y. Liu, C.-T. Kuan, J. Mi, X. Zhang, BM Clary, DB D. D., et al., Aptamers selecionados contra o ectodomínio EGFRvIII não glicosilado e entregues intracelularmente reduzem o EGFRvIII ligado à membrana e induzem a apoptose, Biol Chern. 390 (2009) 137-144. doi: 10.1016/j.biotechadv.2011.08.021.Secreted.

[35] J. Zhou, H. Li, S. Li, J. Zaia, J.J. Rossi, Novo sistema de entrega de Aptamer-siRNA com dupla função inibitória para a terapia do VIH-1, Mol Ther. 16 (2008) 1481-1489. doi:10.1038/mt.2008.92.Novel.

[36] S. Santulli-marotto, S.K. Nair, C. Rusconi, B. Sullenger, E. Gilboa, Aptâmeros de ARN multivalentes que inibem o CTLA-4 e aumentam a imunidade tumoral Aptâmeros de ARN multivalentes que inibem o CTLA-4 e aumentam a imunidade tumoral 1, (2004) 7483-7489.

[37] A. Rentmeister, A. Bill, T. Wahle, J. Walter, M. Famulok, RNA aptamers selectively modulate protein recruitment to the cytoplasmic domain of 0 -secretase BACE1 in vitro RNA aptamers selectively modulate protein recruitment to the cytoplasmic domain of b -secretase BACE1 in vitro, (2006) 1650-1660. doi:10.1261/ma.l26306.BACE.

[38] N. Li, J.N. Ebright, G.M. Stovall, X. Chen, H.H. Nguyen, A. Singh, et al., Technical and biological issues relevant to cell typing with aptamers, J. Proteome Res. 8 (2009) 2438-2448. doi:10.1021/pr801048z.

[39] D.-B. Huang, D. Vu, L. a Cassiday, J.M. Zimmerman, L.J. Maher, G. Ghosh, Crystal structure of NF-kappaB (p50)2 complexed to a high-affinity RNA aptamer, Proc. Natl. Acad. Sci. U. S. A. 100 (2003) 9268-9273. doi:10.1073/pnas.l632011100.

[40] H.K. Lee, Y.S. Choi, Y.A. Park, S. Jeong, Modulation of oncogenic transcription and alternative splicing by beta-catenin and an RNA aptamer in colon cancer cells, Cancer Res. 66 (2006) 10560-10566. doi:10.1158/0008-5472.CAN-06-2526.

[41] N. Bardeesy, J. Pelletier, sobreposição de domínios de ligação ao ARN e ao ADN do produto do gene supressor de tumores wtl, Nucleic Acids Res. 26 (1998) 1784-1792.

[42] S. Shigdar, L. Qiao, S.-F. Zhou, D. Xiang, T. Wang, Y. Li, et al., Aptâmeros de RNA direcionados ao marcador de células-tronco cancerígenas CD133, Cancer Lett. 330 (2013) 84-95. doi:10.1016/j.canlet.2012.11.032.

[43] S.P. Ohuchi, T. Ohtsu, Y. Nakamura, Seleção de aptâmeros de RNA contra o recetor recombinante do fator de crescimento transformador-0 tipo III apresentado na superfície celular, Biochimie. 88 (2006) 897-904. doi:10.1016/j.biochi.2006.02.004.

[44] J.B. Leea, S.H. Sonb, M.C. Parkb, T.H. Kima, M.G. Kima, S.D. Yooa, et al., Um novo ensaio de permeabilidade in vitro utilizando um sistema de cultura celular tridimensional, J. Biotechnol. (2015). doi: 10.1016/j.jbiotec.2014.12.019.

[45] Y. Chushak, M.O. Stone, In silico selection of RNA aptamers, Nucleic Acids Res. 37 (2009) 1-9. doi:10.1093/nar/gkp408.

MIX
Papier aus verantwortungsvollen Quellen
Paper from responsible sources
FSC® C105338

FSC
www.fsc.org

Printed by Books on Demand GmbH, Norderstedt / Germany